நஞ்சில்லா வேளாண்மை
Nanjilla Velanmai

பசுமைச் சாம்பியன்

Agri. Dr. ஒய். இராஜகுமார்

நூல் விபரம்

நூலின் பெயர்	:	**நஞ்சில்லா வேளாண்மை**
		(Nanjilla Velanmani)
ஆசிரியர்	:	Agri. Dr. ஒய். இராஜகுமார்
அலைபேசி	:	9443265003
மின்னஞ்சல்	:	agriraja@gmail.com
உரிமை	:	ஆசிரியருக்கு
நூல் வகை	:	இயற்கை வேளாண்மை
முதல் பதிப்பு	:	ஜூன் 2026
பக்கங்கள்	:	140
வெளியீடு	:	Notion Press, Chennai
விலை	:	ரூ
அட்டைப்படம்	:	அபிஜித் R.J. வினிபர்
நூலாக்கம்	:	Santhom Press, Marthandam

ஆசியுரை

நஞ்சில்லா வேளாண்மை குறித்த விழிப்புணர்வு இன்று அதிகமாக ஏற்பட்டு வருகிறது. இரசாயன விவசாயத்தால் பாதிக்கப்பட்ட மக்கள் இன்றும் மீண்டபாடில்லை. பூச்சிக்கொல்லிகளில் இருந்து விடுபட்டால் தான் மக்கள் சமூகம் நலமாக இருக்க முடியும். நஞ்சை விதைத்து நல்ல சோறு தின்ன முடியுமா? "நஞ்சில்லா உணவு நமக்கெல்லாம் கனவு" என்ற நிலை வர வேண்டும்.

இந்தச் சூழ்நிலையில் நவீன விவசாயத்தின் பல மோசமான பக்கங்களை தனது சொந்த முயற்சியால் அறிந்து, திறமையால் அதிலிருந்து விலகி, நஞ்சில்லா வேளாண்மையை மக்கள் மனதில் விதைத்து வருகிறார் எங்கள் பசுமை பேரியக்கத்தின் தன்னிகரற்ற தலைவர் **Agri.Dr.Y.இராஜகுமார்** அவர்கள். அவரது சொந்த அனுபவங்களின் அடிப்படையில் எழுதப்பட்ட இந்நூல் பயிர்களை எவ்வாறு இயற்கை முறையில் வளர்ப்பது என்று விளக்கிக் கூறுகிறது.

நஞ்சில்லா முறையில் பயிர்வளர்ப்பை மேற்கொள்வதன் மூலம் வேளாண்மை செலவுகள் குறைகிறது. பண்ணைக்குள் கிடைக்கும் கழிவுகளே மதிப்புமிக்க பயிர் ஊட்டமாக மாறுகிறது. நிலம் நஞ்சாவது தடுக்கப்பட்டு நலம் மிகுந்த

நஞ்சில்லா உணவைத் தர முடிகிறது. சுற்றுப்புறச்சூழல் பாதுகாக்கப்படுகிறது. நீடித்த முறையில் நமது நிலம் விளைச்சலைத் தந்து கொண்டிருக்கிறது.

எமது கிரீன் அக்ரி கிளப் ஆப் இந்தியா உழவர்களின் மேம்பாட்டை குறிக்கோளாகக் கொண்டு இயங்கி வரும் ஓர் பசுமை பேரியக்கமாகும். நஞ்சில்லா வேளாண்மை பற்றிய பயிலரங்குகள், கருத்தரங்குகள். பட்டறைகள் போன்றவற்றை திறம்பட நடத்தி வருகின்றது. இதனால் நாடெங்கும் நஞ்சில்லா வேளாண்மை குறித்த விழிப்புணர்வு அதிகரித்து வருகிறது.

தற்போது நஞ்சில்லா வேளாண்மை குறித்த நூல்கள் தமிழில் அதிகம் இல்லை. அதிலும் உழவர்கள் படித்து பயன்படுத்தும் வகையில், மிக எளிய மொழியில் நூல்கள் வெளிவரவில்லை. எமது இயக்கம் 'தாளாண்மை பண்ணையம்' என்ற தற்சார்பு பண்ணை முறையை பரிந்துரை செய்து பரப்பி வருகின்றது. இந்நூலில் அதனுடன் தொடர்புடைய நஞ்சில்லா வேளாண்மை பற்றி எளிய முறையில் **Agri.Dr.Y.இராஜகுமார்** அவர்கள் தெளிவாக விளக்கியுள்ளார்.

அடுத்தவர் கையை எதிர்பார்க்காத, சுற்றுச் சூழலை மாசுபடுத்தாக, பாரம்பரிய விவசாயத்தை பாதிக்காத வேளாண்மை முறை நமக்கு தேவையாக உள்ளது.

"நஞ்சில்லா பயிர் நமக்கெல்லாம் உயிர்" என்னும் தாரக மந்திரத்தை நெஞ்சில் ஏந்தி பம்பரமாய் இயங்கிவரும் **Agri.Dr.Y.இராஜகுமார்** அவர்கள் இப்படிப்பட்ட புரட்சிகரமான இன்னும் பல நூல்களை வெளிக்கொணர வேண்டுமென மனமார வாழ்த்துகின்றேன்.

இயற்கையோடிணைந்து இயற்கையை நேசித்து, இயற்கை வளங்களை வாழ்வாதாராமாகக் கொண்டு வாழும் பசுமை ஆர்வலர்கள் மற்றும் இயற்கை விரும்பிகள் இந்நூல் காட்டும் மையக் கருத்தின் அடிப்படையில் செயல்பட ஆவன செய்வது அவசியம். நலம் சார்ந்த உள்ளன்போடும், உரிமை கலந்த உறவோடும், பணிவன்பாய் படைக்கும் அழைப்பை ஏற்பீர்களாக!

பிரியமுடன்

Mrs. கீதா பாண்ஸ்

தாளாளர், கிரேஸ் கல்வி குழுமம்

செயலர், YWCA மார்த்தாண்டம்

பரிபாலகர், கிரீன் அக்ரி கிளப் ஆப் இந்தியா

அறிமுகவுரை

மனித வாழ்க்கை இயற்கையோடு இணையும் போதுதான் ஆரோக்கியம், அமைதி, நீண்ட ஆயுள் ஆகியவை நிலைத்திருக்கும். நகர வளர்ச்சி, தொழில்நுட்ப மேம்பாடு, வணிக நுகர்வோட்டம் ஆகியவை உலகமெங்கும் பரவிய இக்காலத்தில் மனிதன் தன் வாழ்வின் அடிப்படை அங்கமாகிய மண், நீர், காற்று, செடி, மரம் ஆகியவற்றிலிருந்து தள்ளிப்போகிறான். அந்த இடைவெளியை நெருங்கச் செய்யும் சிறந்த வழி நஞ்சில்லா வேணான்மை ஆகும்.

சேவா ரத்னா, பசுமை சாம்பியன் **Dr. Y. இராஜகுமார்** அவர்கள் எழுதிய இப்புத்தகம் இற்கை முறையில் சிறிய முயற்சியால் எவ்வாறு பசுமையை உருவாக்கலாம்? குடும்பத்தின் உணவுத் தேவையை எப்படி பூர்த்தி செய்யலாம்? உடலுக்கும் மனதுக்கும் எவ்விதம் ஆரோக்கியத்தைப் பெற்றுக்கொள்ளலாம்? என்பதற்கான முழுமையான வழிகாட்டியாக திகழ்கிறது.

ஆசிரியர் பல்வேறு வெளிநாடுகளுக்குச் சென்று அங்குள்ள வேளாண் முறைகளை ஆராய்ந்து. நம் சூழலுக்கு ஏற்ற வகையில் தழுவி மக்களுக்கு எடுத்துரைத்தவர். பல முன்னோடி மாத இதழ்கள். நாளிதழ்கள். வானொலி, தொலைக்காட்சி போன்ற ஊடகங்களில் தொடர்ந்து பசுமை நற்செய்தியைப் பரப்பி வருபவர். அவரின் அனுபவமும் ஆய்வும் இணைந்து உருவான சிந்தனைகள் இந்தப் புத்தகத்தில் வாசகர்களுக்கு கைகூடும்.

இன்றைய உலகம் எதிர்கொள்ளும் சவால்கள் - நஞ்சு கலந்த உணவுப் பொருட்கள், குறையும் நில வளம், மாசுபடும்

நீர் வளம், சிதையும் இயற்கைச் சூழல் ஆகியவற்றை சமாளிக்க ஒவ்வொருவரும் நஞ்சில்லா முறையில் விவசாயம் செய்வது காலத்தின் தேவை. அத்தகைய தேவைக்கான முழுமையான பதிலாகவே இப்புத்தகம் உருவாகியுள்ளது.

ஆசிரியர் சுலபமான சொற்களாலும் அறிவியல் அடிப்படையுடனும், நடைமுறை அனுபவங்களுடனும் தம் சிந்தனைகளைப் பகிர்ந்துள்ளமை இந்நூலின் சிறப்பாகும். வாசகர்கள் இந்தப் புத்தகத்தை படிக்கும் போது பசுமை வாழ்க்கையை அணுகுவதற்கான உற்சாகத்தைப் பெறுவார்கள்.

பசுமையை விரும்பும் ஒவ்வொருவரும், ஆரோக்கியமான வாழ்வை விரும்பும் ஒவ்வொரு குடும்பமும், சுற்றுச்சூழலைக் காப்பதற்காகக் களமிறங்கும் ஒவ்வொரு இளைஞரும் இந்த நூலைக் கைப்பற்றிப் படித்து நடைமுறைப்படுத்தும்போது நிச்சயம் பெரும் பயன் அடைவார்கள்.

புத்தகத்தில் மொத்தம் 20 தலைப்புகள் இடம் பெற்றுள்ளன. இவை ஒவ்வொன்றும் தனித்தனியாகவும், ஒன்றோடொன்று தொடர்புடையவவையாகவும் அமைந்துள்ளன. “நஞ்சில்லா் வேளாண்மை” எனும் இந்நூல், உலகெங்கும் பரவி பசுமைச் செய்தியாக மலரட்டும் என மனமார வாழ்த்துகிறேன்.

Y. சுந்தர் ராஜ் M.Sc, M.A, M.Ed, M.Phil
மேளாள் மேனிலைப்பள்ளி தலைமை ஆசிரியர்
ஆட்சி அலுவலர்,
கிரீன் அக்ரி கிளப் ஆப் இந்தியா

அணிந்துரை

நமது நாடு சுதந்திரம் பெற்ற போது உணவு பற்றாக்குறை தலைவிரித்தாடியது. அதைப் போக்க அறிவியல் அறிஞர்களால் கலப்பின உயிரினங்கள். மரபணு மாறுதல்கள், குரோமோசோம் கையாளுதல், நிசு வளர்ப்பு முறை, இரசாயன உரங்கள் இன்னும் பல முயற்சிகளால் நாடு உணவு உற்பத்தியில் தன்னிறைவு பெற்றது. ஆனால் அவைகளால் மனிதனுக்கு புதிய புதிய நோய்கள் கண்டறியப்பட்டது. தற்போதைய சூழ்நிலையில் அவைகளிடமிருந்து விடுபட பசுமைச் சாம்பியன், சேவா சேவா ரெத்னா Agri. Dr இராஜகுமார் எழுதிய நஞ்சில்லா வேளாண்மை என்ற இந்த புத்தகம் இயற்கை முறையில் பயிர் சாகுபடி செய்ய மிகவும் பயனுள்ளதாயிருக்கும் என்பது உறுதி.

கோவிலில்லா ஊரிலே குடியிருக்க வேண்டாம்

- மூதுரை

தோட்டமில்லா வீட்டிலே குடியிருக்க வேண்டாம்

-ஆசிரியருரை

Agri. Dr. இராஜகுமார் அவர்கள் அல்லும் பகலும் மக்களை இயற்கை விவசாயத்தை நோக்கி விழிப்புணர்வு ஏற்படுத்துபவர். புத்தகத்தில் தோட்டம் போடுபவரல்ல. தானும் நண்பர்களையும் வீட்டுத்தோட்டம் போட வைத்து செயல்படுத்தும் செயல் வீரர்.

இந்த புத்தகத்தை முழுமையாக படித்தேன். பாரம்பரிய விவசாயம், மாற்று வேளாண்மை, பல்லுயிரிகள் பாதுகாப்பு, மண்வளப்பாதுகாப்பு, கால்நடைகள், சிறுதானியங்கள், விதை உற்பத்தி, இயற்கை உரங்கள், நீர் அறுவடை, பயிர் பாதுகாப்பு, ஒருங்கிணைந்த பண்ணையம், இயற்கை அங்காடி என தான் பெற்ற தாவரவியல் மற்றும் விவசாய பட்ட படிப்புகள், பட்டறிவுகளின் அடிப்படையில் தெளிவாக எழுதியுள்ளார்.

மனுக்குலம் நோயின்றி வாழ உம் வாழ்நாளை இயற்கை விவசாயம் சார்ந்த பல புத்தகங்கள் எழுதுவதில் அர்ப்பணித்துள்ளீர்! மேலும் பல படைப்பாற்றல்மிகு புத்தகங்கள் வெளியிட கடவுள் துணை புரியட்டும்! என்றும் பல்லாண்டு நோயின்றி வாழ வாழ்த்துகிறேன்.

மிக்க மகிழ்வுடன்

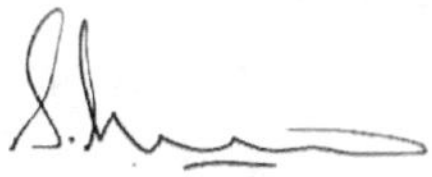

K.G. சிசில் M.Sc, M.Ed., M.Phil
மேனாள் மேனிலைப்பள்ளி தலைமையாசிரியர்
மக்கள் தொடர்பு அலுவலர்,
கிரீன் அக்ரி கிளப் ஆப் இந்தியா

ஆசிரியர் உரை

கோடிக்கணக்கான ஆண்டுகளாக குறிப்பிட்ட ஒரு நிலையில் சுழன்று கொண்டிருக்கும் இந்த பூமியின் இயற்கை என்னும் இயந்திரம் சுருதி குறையாமல் இதுவரை சீராக இயங்கிக் கொண்டு வந்திருக்கிறது. நாம் யாவரும் பூமித்தாயின் மடியில் தவழ்ந்து உறவாடி மகிழ்ந்து வருகிறோம். அன்னை பூமியின் இதயத்துடிப்பாகிய இயற்கை சூழலை சூறையாட மேற்கொள்ளப்பட்ட முயற்சிகளுக்கு எதிராக வரலாறு முழுவதும் மக்களின் குரல் ஓங்கி ஒலித்திருக்கிறது.

இவ்வுலகில் ஆயிரமாயிரம் ஆண்டுகளுக்கு மேலாக இயற்கை விவசாய முறைகளை பின்பற்றி வந்த நாம் கடந்த அரை நூற்றாண்டு காலத்தில் இரசாயன விவசாயத்திற்கு பெருமளவில் மாறிப்போனதால் பல்வேறு அபாய நோய்களுக்கும் ஆரோக்கிய குறைபாடுகளுக்கும் ஆளாகி வருகிறோம். நாம் வாழும் பூமியை சிறிதும் சிதைக்காமல் சீரழிக்காமல் சிறப்பாக விவசாயம் செய்வதற்கு நஞ்சில்லா வேளாண்மை முறைகள் இருக்கின்றன.

மனித நலம் நம் நாட்டின் முக்கிய குறிக்கோளாக கருதப்பட்டுவரும் இந்த காலகட்டத்தில் மனித நலன்களைப் பேணுவதற்கு நஞ்சற்ற தரமான உணவினை அனைவருக்கும் கிடைக்கச் செய்ய வேண்டியது அத்தியாவசிய கடமையாகிறது. இதனை வலியுறுத்தி நஞ்சில்லா விவசாய முறைகளை எளிதில் எல்லோரும் புரிந்துகொள்ளும் விதத்தில் இந்நூலை எழுதியுள்ளேன்.

நான் படித்தது விஞ்ஞான விவசாயமாக இருந்தாலும் எனது நாடி நரம்புகளில் இரத்தத்தோடு இழையோடிக் கொண்டிருப்பது நஞ்சில்லா விவசாயமாகும். இதனை அறிந்து என்னை பல்வேறு பயிற்சி முகாம்களில் முழுமையாக பயன்படுத்திய பெருமை தமிழ்நாட்டிலுள்ள முன்னோடி தொண்டு நிறுவனங்களையே சாரும். சுமார் 45 ஆண்டுகளுக்கு மேலாக இயற்கை வேளாண்மையோடு நான் இணைந்து மேற்கொண்டு வரும் மகிழ்ச்சிகரமான புரட்சி பயணம் இன்று வரையிலும் வெற்றிகரமாக தொடருகிறது.

நம் நாட்டில் பெருகிவரும் மக்கள் தொகைக்கு உணவளிப்பதற்காக நவீன விஞ்ஞான விவசாயத்தில் ஈடுபட்டு உணவு உற்பத்தியைப் பெருக்கி அதில் தன்னிறைவு அடைந்துள்ளோம். ஆனால் உயர் விளைச்சல் ரகங்களைக் கொண்டு அதிக விளைச்சலை எட்டுவதற்காக நாம் பயன்படுத்திய இரசாயன உரங்கள், பூச்சிக்கொல்லிகள், களைக்கொல்லிகள் போன்றவை நம் விவசாயத்திற்கு ஆதாரமான மண்ணின் தன்மையையே மாற்றியமைத்து விட்டது.

நமது நாட்டில் பசுமைப்புரட்சி அமுல்படுத்தப்பட்டு அரை நூற்றாண்டுகளுக்கு மேல் ஆகிறது. ஆரம்பத்தில் அதிக மகசூலைத் தந்த பயிர் ரகங்கள் நாளடைவில் குறைவான மகசூலைத்தந்தன. உற்பத்தி அதிகரித்த வேளையில்

விவசாயிகளுக்கு கட்டுப்படியான விலை கிடைக்கவில்லை. காலம் காலமாக நாம் செய்துவந்த கலப்பு பயிர் மற்றும் பயிர் சுழற்சி முறை மாறி ஓரினப்பயிர் சாகுபடி முறை வேரூன்றியது.

அறிவியல் வளர்ச்சியின் காரணமாக டிராக்டர்கள் அறிமுகமான போது, விவசாயத்திற்கு முழுகெலும்பாக இருந்த கால்நடைகளை பராமரிக்கும் வழக்கம் குறைந்து போனது. இதன்விளைவாக மண்வளம் குன்றத் தொடங்கியது. இதைச் சரிகட்ட அதிக அளவில் செயற்கை உரங்களை மட்டுமே இடும் சூழ்நிலை ஏற்பட்டது. இதேபோன்று பூச்சிக்கொல்லி மருந்துகளும் விவசாயிகளை ஆக்கிரமிக்கத் தொடங்கின. இதனால் வேளாண்மை முற்றிலுமாக வெளிப்புற இடுபொருட்களை சார்ந்ததாகிவிட்டது.

தற்போதைய விவசாயம் சந்தை பொருளாதாரமாக்கப் பட்டதன் விளைவாக விவசாயிகளின் வேலைவாய்ப்பு குறைந்துள்ளது. எந்த தட்ப வெப்ப நிலையையும் தாக்குபிடிக்கக் கூடிய பாரம்பரிய வித்துக்கள் மறைந்து வீரிய வித்துக்கள் பழக்கத்திற்கு வந்துள்ளன. மழை நீரை சரியான முறையில் சேமிக்காததால் தண்ணீர் பஞ்சம் ஏற்பட்டு வருகிறது. வரம்பு மீறி பயன்படுத்தப்பட்ட விஞ்ஞான விவசாய முறைகளின் தீய விளைவுகளை விவசாயிகளும் மற்றவர்களும் இப்போது உணரத் துவங்கிவிட்டனர். நஞ்சை விதைத்தால் எதைச் சாப்பிடுவது?

இதுவரை இயற்கை விவசாய முறைகளை தெளிவாக விளக்கும் நூல் தமிழில் வெளிவராத குறையை இந்நூல் நிச்சயம் நிறைவு செய்யும் என்ற நம்பிக்கை எனக்கிருக்கிறது. ஏனெனில் இந்நூலை சிறந்த முறையில் வெளிக் கொணர்வதற்கு நான் எடுத்துக்கொண்ட முயற்சிகள் கொஞ்ச நஞ்சமல்ல. இயற்கை விவசாயத்தில் ஈடுபட்டுள்ளோருக்கும் இனிமேல் ஈடுபடப்போவோருக்கும் எனது நெஞ்சம் நிறைந்த வாழ்த்துக்கள்! இந்நூலுக்கு ஆசியுரை வழங்கிய திருமதி.கீதா பாண்ஸ், அறிமுகவுரை எழுதிய திருமிகு Y. சுந்தர் ராஜ் அணிந்துரை நல்கிய திருமிகு K.G. சிசில் ஆகியோருக்கு அடியேன் இதயத்தின் அன்பு நன்றிகளை உரித்தாக்கிக் கொள்கின்றேன்.

நச்சில்சா பயிர்! நமக்கெல்லாம் உயிர்!!

நஞ்சில்லா உணவு! நமக்கெல்லாம் கனவு !!

பிரியமுடன்

பசுமைச் சாம்பியன்

Agri. Dr. ஓய். இராஜகுமார்

உள்ளடக்கம்

1.	பாரம்பரிய விவசாயம்	15
2.	நஞ்சில்லா வேளாண்மை	22
3.	சூழலுக்கு உகந்த உற்பத்தி	27
4.	மாற்று வேளாண்மை முறைகள்	33
5.	பல்லுயிரிகள் பாதுகாப்பு	42
6.	மண்வளமும் மக்கள் நலமும்	47
7.	மண்வளப் பாதுகாப்பு	53
8.	மண்ணின் உயிரோட்டம்	61
9.	பாரம்பரிய கால்நடைகள்	66
10.	சிறுதானியங்களின் சிறப்புக்கள்	69
11.	விதை உற்பத்தி நுட்பம்	73
12.	மரபணு மாற்றுப் பயிர்கள்	81
13.	இன்றியமையாத இயற்கை எருக்கள்	86
14.	நீர் அறுவடை நுட்பம்	95
15.	ஒருங்கிணைந்த பயிர் பாதுகாப்பு	101
16.	ஒருங்கிணைந்த பண்ணைத் திட்டம்	109
17.	உயிர் பண்ம வளம்	116
18.	அங்கக வேளாண்மை அங்காடி	122
19.	இயற்கையிடம் படிப்போம்	128
20.	இயற்கையோடு இணைவோம்	134

I. பாரம்பரிய விவசாயம்

நமது விவசாயம் பன்னெடுங்கால பாரம்பரியம் கொண்டது. நமது நாடு ஒரு வேளாண்மை சார்ந்த நாடு. இச்சொற்றொடர் நாம் இவ்வுலகில் எங்கு சென்றாலும் நம் நாட்டுக்குரிய ஓர் அடையாளம். நம் நாட்டின் தொன்மை வாய்ந்த முதன்மைத் தொழில் வேளாண்மை. நமது முன்னோர்கள் பரம்பரை பரம்பரையாக இயற்கையைச் சார்ந்த வாழ்க்கையை கடைபிடித்து வந்துள்ளதாக வேத, புராண, இதிகாசங்கள் கூறுகின்றன.

நம் நாட்டில் மலைவளம், வனவளம், நிலவளம், நீர்வளம், கடல் வளம் மிகுந்திருந்ததால் வலுவான அடித்தளத்தில் நமது விவசாயம் வளர்ந்து வந்தது. நம்முடைய அடிப்படைத் தேவைகளான உணவு, உடை, உறைவிடம் அனைத்தும் விவசாயத் தொழிலை அடிப்படையாகக் கொண்டு அமைந்திருந்தது. அன்றைய விவசாயிகள் விவசாயத்தை இயற்கை அன்னையின் ஆதாரங்களைக் கொண்டு ஆர்வத்துடனும் ஈடுபாட்டுடனும் செய்து வந்தனர்.

அக்கால விவசாயிகள் இயற்கையிடமிருந்து பாடங்களைக் கற்று சிறிது சிறிதாக விவசாயத் தொழிலை ஒரு உன்னத நிலைக்கு கொண்டு வந்தனர். இத்தொழில் இயற்கையுடன் பல்வேறு உறவுகளை உடையதாக இருந்தது. இதற்கேற்ப மக்களின் தொழில், பொருளாதாரம், சமூக உறவுகள், அரசியல் மற்றும் கலாச்சாரங்கள் உருவாயின. அதாவது அன்றைய பாரம்பரிய விவசாயம் மக்களின் ஒரு வாழ்க்கை முறையாகவே அமைந்திருந்தது.

அன்றைய விவசாயிகள் வேளாண்மைத் தொழிலில் மிகுந்த அனுபவ சாலிகளாய் இருந்தனர். நிலத்தை இயற்கை உரமிட்டு வளப்படுத்துவதிலும், இயற்கை முறையில் பூச்சி நோய்களைக் கட்டுப்படுத்துவதிலும், மண்வளம் பற்றிய அறிவாற்றலிலும், நீர் வளத்தைப் பேணிக்காப்பதிலும், பயிர் வளர்ப்பு முறைகளிலும் தெளிந்த ஞானம் பெற்றிருந்தனர். பல்லாயிரம் ஆண்டுகால விவசாய அனுபவத்தின் அடிப்படையில் பாரம்பரிய விதைகளை சேமித்து வைத்து பயன்படுத்தினர்.

அதோடு அவர்களது வாழ்வோடும் தொழிலோடும் ஒன்றிப் போனவை கால்நடைச் செல்வங்கள் ஆகும். ஆடு, மாடு, கோழி போன்ற கால்நடைகளை அன்போடு வளர்த்து வந்தனர். அவர்கள் தங்கள் நிலத்தில் விளைந்த தானியங்கள், காய்கள், கனிகள், பயறுகள், கிழங்குகள், கீரைகள், மூலிகைகள், கொட்டைகள் முதலியவற்றை சாப்பிட்டு வந்தார்கள். எஞ்சியதை விற்று வருமானத்தைப் பெருக்கிக் கொண்டார்கள். இவர்களது ஆரோக்கியத்திற்கும் ஆனந்தத்திற்கும் எவ்வித குறைபாடும் ஏற்பட்டதில்லை.

இயற்கை சார்ந்த பாரம்பரிய விவசாயத்திற்கும் செயற்கை முறையிலான விஞ்ஞான விவசாயத்திற்கும் உள்ள வேறுபாடுகள் கீழே பட்டியலிடப்பட்டுள்ளது.

எண்	பாரம்பரிய விவசாயம்	விஞ்ஞான விவசாயம்
1	இயற்கையான நல்ல விளைவுகளை மண்ணிலும் பயிரிலும் ஏற்படுத்தும்.	செயற்கையான எதிர் வினைகளை மண்ணிலும் பயிரிலும் ஏற்படுத்தும்.
2	தழைச்சத்து, மணிச் சத்து, சாம்பல்சத்து தவிர ஏனைய சத்துக்களும் பயிருக்கு கிடைக்கிறது.	தழைச்சத்து, மணிச் சத்து, சாம்பல் சத்து தவிர இதர சத்துக்கள் இல்லை.
3	மண்ணின் அமைப்புகள் பாதுகாக்கப்பட்டு உற்பத்தி திறன் கூடுகிறது.	மண்ணின் அமைப்புகள் சிதைக்கப்பட்டு உற்பத்தி திறன் குறைகிறது.
4	மண்புழு மற்றும் மண் வாழ் நுண்ணுயிர்கள் பலுகிப் பெருகி மண்ணை செழிப்பாக்கும்.	மண்வாழ் உயிரினங்கள் யாவும் மாண்டு மடிந்து போவதால் நிலம் கெட்டுபோகும்.
5	மண்ணில் மக்கு அதிகரித்து நிலம் பொலபொலப்பாவதால் காற்றும் நீரும் வேகமாக பூமிக்குள் ஊடுருவுகிறது.	நிலம் இறுக்கமாகவும் கடினமாகவும் மாறி விடுவதால் காற்றும் நீரும் உட்செல்வதற்கு வழி இல்லை.
6	நிலத்தின் ஈரப்பதம் நீண்ட நாட்களுக்கு தக்க வைக்கப்படுகிறது.	நிலத்தின் ஈரப்பிடிப்புத் திறன் குறைந்து போகிறது.

7	நிலத்தின் வெப்பநிலை சீராக உள்ளது.	நிலத்தின் வெப்பநிலை அதிகரிக்கிறது.
8	பயிரைத் தாக்கும் பூச்சிகளை உள்ளூர் முறைகளைப் பயன் படுத்தி எளிதில் கட்டுப் படுத்தி விடலாம்.	பயிர்கள் பலவீனமாக இருப்பதால் பூச்சிகள் பயிரைத் தாக்கி அழிக்கும் வாய்ப்புகள் அதிகம்.
9	மக்கு உரத்தால் உற்பதி செய்யப்பட்ட உணவு பொருட்கள் ருசியாகவும் சுகாதார மாகவும் உள்ளது.	பயிர்கள் பலவீனமாக இருப்பதால் பூச்சிகள் பயிரைத் தாக்கி அழிக்கும் வாய்ப்புகள் அதிகம் உள்ளன.
10	குப்பைக் கூளம், சண்டு சருகு, இலைதழை போன்றவை உரமாக மாற்றப்படுவதால் சுற்றுச் சூழல் சுகாதாரம் பாதுகாக்கப் படுகிறது.	இரசாயன உர உற்பத்தி ஆலைகளின் கழிவுநீர், புகை ஆகியவற்றால் சுற்றுச் சூழல் மாசு படுகிறது.
11	மக்கு உரம் தயாரிக்கத் தேவையான சாணம், இலை தழை, பயிர்க் கழிவுகள் போன்றவை தொடர்ந்து கிடைத்துக் கொண்டே இருக்கும்.	இரசாயன உர உற்பத்திக்குத் தேவையான தாதுக்கள், பெட்ரோல் போன்றவை குறைந்து கொண்டிருக்கிறது.

12	மக்கு உரம் தயாரிக்க குறைந்த மூலதனம் போதும். இதை நம் வீட்டிலுள்ளவர்களை வைத்தே எங்கு வேண்டுமானாலும் தயாரித்து விடலாம்.	இரசாயன உரம் தயாரிக்க தொழிற்சாலைகள் வேண்டும். தொழில் நுட்ப வல்லுநர்கள் வேண்டும். அதிக மூலதனம் வேண்டும்.
13	போக்குவரத்துச் செலவு குறைவு. பார வண்டியிலோ, தலைச் சுமையாகவோ கொண்டு போய் விடலாம்.	போக்குவரத்திற்கு கப்பல்கள், புகை வண்டிகள், லாறிகள், டிராக்டர்கள் தேவைப்படும். இதனால் பணச்செலவு அதிகம்.
14	பரவலாக பண்ணை சார்ந்த உயிர்ச்சூழல் விவசாயம் கிராமப்புற வேலை வாய்ப்பை அதிகப்படுத்தும். சுயசார்வை ஏற்படுத்தும்.	பொதுவாக விஞ்ஞான விவசாயத்தில் குறைந்த அளவு தொழிலாளர் களுக்கே வேலை வாய்ப்பு கிடைக்கும். சுரண்டல் அதிகமாகும்.
15	விவசாய உற்பத்தி செலவு குறைவதால் விவசாயிகளின் வருமானம் அதிகரிக்கும்.	விவசாய உற்பத்தி செலவு அதிகமாவதால் லாபம் குறைந்து விவசாயிகளை கடனாளி ஆக்கும்.

விஞ்ஞான விவசாய முறைகளினால் விவசாயிகளின் செலவுகள் அதிகரித்து எங்கும் எதிலும் நட்டம் என்ற நிலை ஏற்பட்டது. அதற்கான காரணத்தை கீழ்க்கண்ட அட்டவணையில் காணலாம்.

எண்	விவசாய இடு பொருட்கள்	பாரம்பரிய விவசாயம்	விஞ்ஞான விவசாயம்
1	விதைகள்	சொந்த விதைகள்	கம்பெனி விதைகள்
2	உரங்கள்	சொந்த உரங்கள்	கம்பெனி உரங்கள்
3	பூச்சிக் கொல்லிகள்	சொந்த தயாரிப்புகள்	கம்பெனி தயாரிப்புகள்
4	வேளாண் கருவிகள்	உள்ளூர் கருவிகள்	கம்பெனி இயந்திரங்கள்
5	விவசாய தொழில் நுட்பம்	விவசாயிகளிடம் உள்ளது	விஞ்ஞானிகளிடம் உள்ளது.
6	உழைப்பு	சொந்த உழைப்பு	கூலி ஆட்கள்

பயிர் சார்ந்த வேளாண்மையை விட பணணை சார்ந்த வேளாண்மையே மேலானது. உணவுச் சங்கிலி உலகிலுள்ள உயிரினங்களை சமநிலையில் வைத்துள்ளது. எனவே உணவுச்சங்கிலி பாதிக்கப்பட்டால் இயற்கை சமநிலை பாதிக்கப்பட்டு இடையூறுகளும் இன்னல்களும் ஏற்படும்.

பண்ணை சார்ந்த உயிர்ச்சூழல் வேளாண் மையில் உணவு உற்பத்தியின் பல பாகங்களைத் தனித் தனியாக விளக்குவது மிகவும் கடினமான காரியம். ஏனெனில் இயற்கையில் தாவரங்களும், உயிரினங்களும், நீரும், காற்றும், ஒளியும், சக்தியும், மனித குலமும் பல வகைகளில் ஒன்றையொன்று சார்ந்திருக்கின்றன. இயற்கை முறையில் உயிர்ச்சூழலை அனுசரித்துச் செய்யும் விவசாய முறைகள் அனைத்தும் இத்தகைய சார்புத்தன்மையுடையதாகக் காணப்படும். இதனை உணவுச் சங்கிலியாகக் கருதி நிலத்தின் பயனை உன்னத நிலைக்கு உயர்த்தமுடியும். எனவே நீடித்த நிலைத்த வேளாண்மைக்கு பயிர்களும் இரகங்களும் சார்ந்த பசுமைப்புரட்சி திட்டங்களை விட நிலம் சார்ந்த திட்டங்களே சாலச்சிறந்தது.

பண்ணை சார்ந்த வேளாண்மை என்பது தற்சார்புள்ள, சுற்றுச் சூழலை மாசுபடுத்தாத, தூய்மையான, பாதுகாப்பான, இரசாயன உரம் மற்றும் பூச்சிக் கொல்லிகள் கலப்பில்லாத விவசாய விளைபொருட்களை உற்பத்தி செய்யக் கூடிய நீடித்த நிலையான ஒருங்கிணைந்த பண்ணை வேளாண்மை முறையாகும். இதில் வாழும் உயிரினங்களுக்கு தீங்கிழைக்காத இயற்கையான வளர்ப்பு முறைகளே கடைபிடிக்கப்பட்டு வருகிறது. இத்தகைய வேளாண்மையின் வேறுபட்ட தன்மைகளையும் அதன் சிறப்புகளையும் மாற்று இயற்கை வேளாண்மை முறைகளில் அறிந்து கொள்ளலாம்.

•••

2. நஞ்சில்லா வேளாண்மை

நாம் சாகுபடி செய்யும் நிலத்திற்கு எந்தவிதமான தீங்கும் விளைவிக்காதபடி இரசாயன உரங்கள், பூச்சிக்கொல்லி மருந்துகள் மற்றும் பயிர்க்கொல்லி மருந்துகளைப் பயன்படுத்தாமல் இயற்கையாக கிடைக்கக்கூடிய தாவரக் கழிவுகள், கால்நடைகழிவுகள், அங்ககப் பொருட்கள் மற்றும் நுண்ணுயிர்கள் மூலம் சுற்றுப்புறச் சூழலை பாதுகாக்கும் முறையில் அதிக உற்பத்தியை அடையும் வண்ணம் செய்யக்கூடிய வேளாண்மைக்கு நஞ்சில்லா வேளாண்மை அல்லது அங்கக வேளாண்மை என்று பெயர்.

கால்நடைகளின் கழிவுப் பொருட்கள், பசுந்தழை உரம், மக்கிய தொழு உரம், பசுந்தாள் உரம், தாவரக் கழிவுகள் மற்றும் மண்புழுக்களைப் பயன்படுத்தி பெறப்படும் இயற்கை உரங்கள் இயற்கை வேளாண்மையில் பயன்படுத்தப்படுகிறது. அதோடு கலப்பு பயிர், பயிர் சுழற்சி, நுண்ணுயிர் உரங்கள், தாவர பூச்சி விரட்டிகள் ஆகியவற்றை அடிப்படையாகக் கொண்டது நஞ்சில்லா வேளாண்மை. இம்முறையில் உற்பத்தி செய்யப்படும் விளைபொருட்கள் தரமிக்கதாகவும் சுவைமிக்கதாகவும் உள்ளது. நஞ்சில்லா வேளாண்மையில் உயிரியல் தொழில்நுட்பம் (Bio Technology), உயிரின தொழில் நுட்பம் (Eco Technology) ஆகியவை முக்கிய பங்கு வகிக்கின்றன.

அடிப்படைக் கோட்பாடுகள்

மண் என்பது வேர் பிடிப்புக்கு மட்டுமல்லாது பல நுண்ணுயிர் வளரும் இடமாகவும் நீரை சேமித்து வைக்கும் இடமாகவும் இருக்கிறது. நஞ்சில்லா வேளாண்மையின் இன்றியமையாத அங்கங்களாவன: 1. ஒருங்கிணைந்த பயிர் ஊட்டச்சத்து, 2. பூச்சி மற்றும் நோய் கட்டுப்பாடு, 3. நிலம் மற்றும் நீர் மேம்பாடு இவை ஒவ்வொன்றைப்பற்றியும் சற்று விளக்கமாக அறிந்து கொண்டால் நஞ்சில்லா வேளாண்மையை எளிதில் புரிந்து கொள்ள முடியும்.

ஒருங்கிணைந்த பயிர் ஊட்டச்சத்து

இயற்கை வளங்களான மண், கரிமப்பொருட்கள், இயற்கை உயிரிகள், நீர் ஆகியவற்றை ஒருங்கிணைந்த முறையில் பயன்படுத்தி உற்பத்தி திறனை அதிகரிக்க வேண்டும். கரிம கார்பன் அதிகமுள்ள மண்ணானது நுண்ணுயிர் செயல்பாட்டை ஊக்குவித்து மண்வளத்தைக் கூட்டுகிறது. நாம் மக்கிய தொழு எரு, புண்ணாக்கு, கம்போஸ்ட், இலைமக்குகள், பசுந்தாள் உரம், தேங்காய் நார் கம்போஸ்ட் மற்றும் நுண்ணுயிர் உரங்களைத் தாவரங்களுக்கு அளிப்பதன் மூலம் மண்ணை வளப்படுத்த முடியும். மேலும் முறையான மாற்றுப்பயிர், ஊடுபயிர், கலப்பு பயிர், பயிர் சுழற்சி ஆகியவை நஞ்சில்லா வேளாண்மையில் முக்கிய பங்கு வகிக்கின்றன.

பூச்சி மற்றும் நோய் கட்டுப்பாடு

நஞ்சில்லா வேளாண்மையானது பூச்சிகளை முற்றிலுமாக அழிப்பதைக் காட்டிலும் பூச்சிகளை விரட்டுவதிலும் கட்டுப்படுத்துவதிலும் தான் முனைப்போடு செயல்பட வைக்கிறது. பூச்சிகள் அதிக அளவில் நஷ்டம் உண்டாக்காமல் இருப்பதற்கு பல்வேறு பூச்சி பிடிக்கும் பொறிகள் பயன் படுத்தப்படுகிறது. மேலும் பயிர் சாகுபடி முறைகள், நோய் தாங்கும் திறன் கொண்ட தாவர வகைகள், சரியான அளவு ஊட்டச்சத்து, பூச்சிகளை விரட்டும் தாவர பொருட்கள், பூச்சிகளை பிடித்து உண்ணும் எதிர் உயிரிகள் ஆகியவை பூச்சிகளை கட்டுப்படுத்துவதில் முக்கிய பங்கு வகிக்கின்றன. அதே சமயம் சுற்றுப்புறச் சூழலும் பாதுகாக்கப்படுகிறது.

நிலம் மற்றும் நீர் மேம்பாடு

இயற்கை எருவானது மண்ணில் சேரும் வேதிப் பொருட்களைத் தடுக்கின்றது. அதுமட்டுமல்லாமல் நஞ்சு இல்லாத உணவுப் பொருட்களைக் கொடுக்கின்றது. இயற்கையில் கிடைக்கும் அங்ககப் பொருட்கள் நுண்ணுயிர் மற்றும் வினை ஊக்கியின் செயலை அதிகரித்து மண்ணின் கரிம வளத்தை மேம்படுத்துகிறது. மேலும் 'ஆக்ஸின்' போன்ற வளர்ச்சி ஊக்கிகளின் செயல்பாட்டைத் தூண்டுகிறது. கரிமப் பொருட்களை உரமாக மண்ணுக்கு அளிப்பதால் தீங்கு செய்யும் நுண்ணுயிர்களை கட்டுப்படுத்தி செடிகள் நன்கு வளர உதவுகிறது. தொழு உரம், கம்போஸ்ட், கோழி எரு,

புண்ணாக்கு, உயிரியல் உரம், பசுந்தாள் உரம் ஆகியவை இயற்கை உரங்களில் அடிப்படையானவை. இவற்றை நிலத்தில் இடுவதால் மண் மற்றும் நீர் வளம் என்றும் குறையாமல் நிலைத்திருக்கும்.

இன்றியமையாத சிறப்பு அம்சங்கள்

- ❖ நீடித்த நிலையான உள்ளூர் பண்ணைகளிலேயே கிடைக்கும் அனைத்து வளங்களையும் பயன்படுத்துதல்.
- ❖ பண்ணைக்கு வெளியில் இருந்து பயன்படுத்தும் இடுபொருட்களுக்கு மிகக்குறைந்த அளவில் சார்ந்திருத்தல்.
- ❖ மண், நீர், விதை மற்றும் பயிர்களின் மீது தொடர்ச்சியான நிர்வாகத் தன்மையை வைத்திருத்தல்.
- ❖ சுற்றுப்புறச் சூழல் மற்றும் பொருளாதார மேம்பாட்டினை பல்லுயிர் பன்மைய பேணல் மூலமாக ஏற்படுத்துதல்.
- ❖ ஒருங்கிணைந்த பண்ணை மேலாண்மை முறையை செயல்படுத்தி வருமானத்தைப் பெருக்குதல்.
- ❖ கூலியாட்கள் அதிகம் தேவைப்படுவதால் கிராமப்புற மக்களுக்கு தொடர்ச்சியாக வேலை வாய்ப்பை ஏற்படுத்துதல்.
- ❖ வேளாண்மை பண்ணையின் தற்சார்புத்தன்மையை நிலைநிறுத்தி தன்னிறைவு அடைதல்.

❖ இயற்கையில் கிடைக்கும் வளங்களை குறிப்பாக புதுப்பிக்கப் படக்கூடிய சக்தியை விவசாயத்திற்கு முற்றிலும் பயன்படுத்துதல்,

இதனால் ஏற்படும் விளைவுகள்

❖ மண்மாசுபடுவது தவிர்க்கப்படுகிறது. மண்ணின் வளம் பாதுகாக்கப்பட்டு மண்ணின் உயிரோட்டம் அதிகரிக்கின்றது.

❖ நீர்வளம் இரசாயனப் பொருட்களால் மாசுபடுவது தவிர்க்கப்படுகிறது.

❖ பூச்சிகளும் நோய்களும் கட்டுப்படுத்தப்பட்டு மக்களும் பிற உயிரினங்களும் எவ்விதத்திலும் பாதிக்கப்படாமல் காக்கப்படுகின்றன.

❖ பாதுகாப்பான, தரமான, சுவையான உணவுப்பொருட்கள் குறைந்த செலவில் கிடைக்கின்றன.

❖ நஞ்சில்லா விளைபொருட்களை அதிக விலைக்கு விற்கும் வாய்ப்புகள் பெருகி வருகின்றன.

❖ இயற்கைக்கும் நமக்கும் இடையே சமச்சீரான ஒரு உறவு நிலையை நிறுவ முடிகின்றது.

●●●

3. சூழலுக்கு உகந்த உற்பத்தி

நஞ்சில்லா வேளாண்மையானது மண்ணில் காணப்படும் உயிரியல் வாழ்க்கை மற்றும் அவற்றின் செயல் திறனை அதிகரிப்பதோடு சுற்றுப்புற சூழ்நிலை மாசுபடாத ஒரு உற்பத்தி முறையாகும். இம்முறையில் மிகக் குறைந்த அளவே பண்ணைக்கு வெளியிலிருந்து வரும் இடு பொருட்கள் மற்றும் தொழில் மேலாண்மை நுட்பங்கள் பயன்படுத்தப்படுகிறது. இதனால் மண்ணின் உயிரின சமநிலை சீராக மேம்பட்டு நிலை நிறுத்தப்படுகிறது. இம்முறையில் உற்பத்தி செய்யப்படும் பொருட்கள் தரம் மற்றும் சத்து நிறைந்ததாக இருப்பதோடு சுற்றுச்சூழல் பாதிப்பையும் தடுக்கிறது. இதன் முதன்மையான குறிக்கோள் மண்வாழ் உயிர்கள், பயிரினங்கள் மற்றும் விலங்குகளின் நலனையும் உற்பத்தித் திறனையும் பாதுகாப்பது ஆகும். இம்முறையில் இயற்கை வளங்களை மட்டுமே உபயோகித்து மண்வளத்தை மேம்படுத்துவதால் உற்பத்தி திறன் சமச்சீராகிறது.

பயிர் பாதுகாப்பு மற்றும் உற்பத்தி மேம்பாடு பொதுவாக இயற்கை மற்றும் நஞ்சில்லா வேளாண்மை தொழில் நுட்பங்களான உயிரியல் கட்டுப்பாடு, நுண்ணுயிர் உரங்களை

சார்நததே ஆகும். சுற்றுச்சூழல் மாசுபாடு மற்றும் உணவுச் சங்கிலியில் நச்சுக்கனிமங்களினால் ஏற்படும் உடல் நலக்கேடுகளினால் தற்போது நஞ்சில்லா வேளாண்மை பற்றி மக்களிடையே விழிப்புணர்வு ஏற்பட்டு வருகிறது. ஏனெனில் நஞ்சில்லா வேளாண்மை தாவர, விலங்கின, உயிரினங்களிடையே ஓர் நன்மை பயக்கும் பிணைப்பை ஏற்படுத்தி சூழிடத்தைச் சிறக்கச் செய்கிறது.

இன்று உலகம் முழுவதும் ஏராளமான நாடுகளில் நஞ்சில்லா வேளாண்மை முறைகள் பின்பற்றப்படுகிறது. மேலும் நஞ்சில்லா வேளாண்மையைப் பின்பற்றும் நிலப்பரப்பும் தொடர்ந்து அதிகமாகிக் கொண்டே வருகிறது. நஞ்சில்லா வேளாண்மையை முழுமையாக பின்பற்ற ஒருங்கிணைந்த மேலாண்மை முறை மிகவும் அவசியமான ஒன்றாகும். நஞ்சில்லா வேளாண்மை இயற்கையோடு இயைந்த முறையாக இருப்பதால் இயற்கை வளங்களின் உபயோகிப்பே இதன் சிறப்பாகும். மேலும் சூழிடத்தை மேம்படுத்துவதே இயற்கை வளத்தைக் காப்பதின் ஒரு முக்கிய அங்கம். மண்வளத்தை மேம்படுத்த இயற்கை வேளாண் உத்திகளைக் கையாளலாம்.

இந்தியாவில் ஒவ்வொரு வருடமும் சுமார் 600 முதல் 700 மில்லியன் டன்கள் வரை அங்ககக் கழிவுகள்

வெளியேற்றப்படுகின்றன. நஞ்சில்லா வேளாண்மையின் முக்கிய அங்கமே பண்ணைகளிலேயே கழிவுகளை மறு சுழற்சி செய்து மண் வளத்தை மேம்படுத்துவது ஆகும். மண்ணில் ஊட்டச்சத்து மிகுந்த இயற்கை உரங்களை இடும் போது மண்ணில் உள்ள நுண்ணுயிர்களின் எண்ணிக்கை வேகமாக பெருகுகிறது. நாம் இடும் அனைத்து உரங்களையும் மண்ணில் உள்ள உயிரினங்கள் எடுத்துக் கொண்டு, பயிர்கள் சத்துக்களை எடுத்துக் கொள்ளும் வகையில் மாற்றித் தருகிறது. நமது உர தேவையை பல்வேறு வேளாண் பொருட்கள் உற்பத்தியின் போது வெளியேறும் கழிவிலிருந்தே பூர்த்தி செய்து கொள்ளலாம். வேளாண் கழிவுகள், நகரக் கழிவுகள் மற்றும் கிராமக் கழிவுகளில் தழை, மணி, சாம்பல் மற்றும் நுண்ணூட்ட சத்துக்கள் கிடைக்கும். மண்புழு உரத்தொழில் நுட்பம் நஞ்சில்லா வேளாண்மையின் ஒரு மிக முக்கியமான அங்கமாகும்.

பூச்சிக்கொல்லி மற்றும் களைக்கொல்லி மருந்துகளின் முறையற்ற உபயோகிப்பால் மண் மற்றும் நிலத்தடி நீர் பாழ்பட்டு உயிரினங்களில் சுகாதாரக் கேட்டை விளைவிக்கின்றது. நாம் வாங்கி சாப்பிடும் உணவுப் பொருட்கள் 70 சதம் நச்சுப் பொருட்களைக் கொண்டுள்ளதாக ஆய்வு அறிக்கைகள் தெரிவிக்கின்றன.

நச்சுத்தன்மை பயிர்களின் விதைகள், இலைகள், பூக்கள், காய்கள் மற்றும் பழங்களின் மூலம் சென்று மனிதனின் உடல் நலத்தை பாதிப்பதோடு மட்டுமல்லாமல் மனிதர்களுக்கு ஆபத்தான நோய்களையும் விளைவிக்கின்றன. பூச்சிக்கொல்லியின் நச்சுத்தன்மையினால் ஒவ்வொரு வருடமும் லட்சக்கணக்கான மக்கள் இறப்புக்கு உள்ளாகின்றனர். இதனால் சுற்றுச்சூழல் மற்றும் வாழ்க்கை முறைகள் பாதிக்கப்படுகின்றன. பறவைகளின் இறப்பு விகிதம் ஒவ்வொரு வருடமும் அதிகரித்து வருகின்றன.

மேலும் இந்த நச்சுப்பொருட்கள் மண்வளத்தைப் பாதுகாக்கும் நுண்ணுயிரிகளையும் அழிக்கின்றன. எனவே உயிரியல் பூச்சிக்கொல்லி மருந்துகளை உபயோகிப்பதன் மூலம் இவற்றைத் தடுக்கலாம். இயற்கையில் காணப்படும் தாவரங்களிலேயே நோய்க் கிருமிகளின் தாக்கத்தை எதிர்க்கும் திறன் உள்ளதால் இந்த சாற்றையே இதற்குப் பயன்படுத்தி நிலம் மற்றும் நீர் நிலைகளை நச்சுகளிலிருந்து பாதுகாக்கலாம். தாவர பூச்சி மருந்துகள் தயாரிப்பில் முதலிடம் வகிப்பது வேம்பு ஆகும். இது ஒரு சர்வ ரோக நிவாரணி மட்டுமல்ல பூச்சிக்கொல்லி, எதிர் உணவு, காளான் கொல்லி, கிருமி வளர்ச்சியை தடை செய்தல் ஆகிய செயல்களைச் செய்கிறது.

கால்நடை வளர்ப்பிற்கும் நஞ்சில்லா வேளாண்மைக்கும் நெருங்கிய தொடர்பு உண்டு. கால்நடைகளற்ற வேளாண்மை நஞ்சில்லா வேளாண்மை யாகாது. கால்நடைக் கழிவுகளை பண்ணைகளிலேயே மறுசுழற்சி செய்வதன் மூலம் நிலவளம் பேணப்படுகிறது. மேலும் கால்நடைகளுக்கும் தரமான பாதுகாப்பான உணவு அளிக்க முடிகிறது. நஞ்சில்லா வேளாண்மை பண்ணைகளில் இயந்திரங்கள் அனுமதிக்கப் படாததால் கால்நடைகளே பயன்படுத்தப்படுகின்றன. பண்ணைக் கழிவுகளிலிருந்து வெளியேறும் கழிவுகள் அதிக சத்துள்ளதாக இருப்பதால் இவற்றை மறுசுழற்சி செய்து இரசாயன உரத்திற்கு பதிலாக உபயோகிக்கலாம். இதனால் சுற்றுச்சூழல் மாசுபடுவது பெருமளவு குறைகிறது.

நஞ்சில்லா வேளாண்மையை பின்பற்றுவதால் அதிக நீர் நிலைப்புத் தன்மை, குறைவான மண் அரிப்பு மற்றும் குறைந்த நீர் தேவை போன்ற நன்மைகள் ஏற்படுகிறது. நீர் மாசுபடுவதற்கு இரசாயன வேளாண்மை ஒரு முக்கிய காரணியாகும். உதாரணமாக நைட்ரேட்டின் அளவு 20 சதவிகித இடங்களில் குடிநீரில் உள்ள தரக்கட்டுப்பாட்டினை விட அதிகமாக உள்ளது. மொத்த குளங்களில் நான்கில் மூன்று பங்கு வளமூட்டப்பட்ட நீர் நிலைகளாக உள்ளது. பொதுவாக விஞ்ஞான வேளாண்மையானது சுற்றுச்சூழல் மாசுபடுவதில் 17-28 சதவீதம் பங்கு வகிக்கிறது. நஞ்சில்லா

வேளாண்மையில் அதிக அளவு கரிம பொருட்களை உரமாக பயன்படுத்துவதால் அதிக நீர் நிலைப்புத் தன்மை மற்றும் குறைவான வெள்ளப் பெருக்கு ஆகிய நன்மைகள் ஏற்படுகிறது. தண்ணீர் நிலத்தடி நீராக மண்ணுக்குள்ளே சேமிக்கப்படுகிறது. நஞ்சில்லா வேளாண்மை முறையை கடைபிடிப்பதால் பசுமைக்கூட வாயுக்களான கரியமில வாயு மற்றும் நைட்ரஸ் ஆக்சைடு முறையே 50 சதம் மற்றும் 25 சதம் குறைகிறது. மீத்தேன் வாயுவின் அளவும் உற்பத்தியும் கணிசமாக குறைகிறது.

காற்றானது முக்கியமாக நச்சுத்தன்மை கொண்ட பூச்சிக்கொல்லிகளை தெளிப்பதாலும் இரசாயன உரங்களை பயன்படுத்துவதால் ஏற்படும் அம்மோனியா வாயுவாலும் மாசுபடுகிறது. இதனைத் தவிர்க்க தாவர பூச்சி விரட்டிகள் மற்றும் மக்கிய உரவகைகளை பயன்படுத்துவது அவசியம். நஞ்சில்லா வேளாண்மை மூலம் இயற்கை வளங்களைக் காத்து, மண்வளத்தைப் பேணி, பல்லுயிர்களை பாதுகாத்து, ஊரக வேலை வாய்ப்பை அதிகரித்து, நகர இடப்பெயர்வை தடுத்து, உணவுத்தரத்தை மேம்படுத்த முடியும். எனவே நஞ்சில்லா வேளாண்மையை பின்பற்றி தரமான பாதுகாப்பான உணவையும் மாசற்ற சுற்றுச்சூழலையும் நம் வருங்கால சந்ததியினருக்கு அளிப்பது காலத்தின் கட்டாயமாகும்.

•••

4. மாற்று வேளாண்மை முறைகள்

நஞ்சில்லா வேளாண்மையை மையப்படுத்தி பல்வேறு மாற்று வேளாண்மை முறைகள் உள்ளன.

இயற்கை வேளாண்மை (Natural Farming)

சுற்றுச்சூழலை மாசுபடுத்தாத இயற்கை வேளாண்மைக்கு எந்திரங்கள், ரசாயன பொருட்கள், எரிபொருள் போன்ற எதுவும் தேவையில்லை. இயற்கை வேளாண்மை என்பது உலகின் இயற்கை வளங்களை சிறந்த முறையில் பயன்படுத்தி பயன்களைப் பெறுவதாகும். சரியாகக் கூறவேண்டுமானால் மனிதன் வேட்டையாடி உணவைச் சேகரித்த காலம் ஒன்றுதான் இயற்கை வேளாண்மை காலம் என்று சொன்னால் அது மிகையாகாது. இது ஏட்டளவில் உள்ள தத்துவம் அல்ல. மண்ணின் வளத்திற்கு எவ்வித கெடுதலும் இல்லாமல் உணவு உற்பத்தியைப் பெருக்க இயற்கை வளங்களைப் பயன்படுத்துவது இம்முறையின் முக்கியமான நோக்கமாகும். சுருக்கமாகச் சொல்வதானால் நம் வருங்கால சந்ததியினருக்கு நல்ல உயிரோட்டமான நிலத்தை, நீரை, சூழலை விட்டுச் செல்வதாகும்.

2. அங்கக வேளாண்மை (Organic Farming)

உலகில் தாவரங்களை உண்டு வாழும் உயிரினங்கள் தான் உண்ட தாவரங்களை கழிவுப் பொருட்களாக மாற்றி அவற்றை தாவரங்களுக்கு திருப்பிக் கொடுத்துவிடுகின்றன.

இது ‘திருப்பிக்கொடுத்தல் விதி’ (Law of return) எனப்படும். ஆனால் மனிதனோ தாவரங்களிடமிருந்து எடுத்ததை முழுமையாக திருப்பிக்கொடுக்காமல் சிலவற்றைத்தான் திருப்பிக் கொடுக்கிறான். இயற்கையிலுள்ள எந்தப் பொருளை எடுத்தாலும் அதை எடுத்தது போல எடுத்த அளவில் எடுத்த இடத்திற்கே திருப்பிக் கொடுக்க வேண்டியது இயற்கையின் நியதி. இதை பல்வேறு ஆராய்ச்சிகள் மூலம் நிரூபித்துக் காட்டியவர் மகாராஸ்டிரா மாநிலத்தைச் சார்ந்த ஸ்ரீபாததபோல்கர் என்ற அறிஞர் ஆவார். மண் வங்கியிலிருந்து நாம் எடுத்ததை திருப்பிக் கொடுக்கும் போது அதிலிருந்து திரும்பத் திரும்ப பலன் எடுக்க ஏதுவாகும். இவ்வாறு எடுத்தலும் கொடுத்தலும் ஈடுகட்டி வரும்படிச் செய்யும் விவசாயம் அங்கக விவசாயம் எனப்படும்.

3. நிரந்தர வேளாண்மை (Permanent Farming)

நிரந்தர வேளாண்மை என்பது ஒரு முறைப்படுத்தப்பட்ட கூட்டுப்பண்ணை முறையாகும். பில்மோலிசன் என்ற ஆஸ்திரேலிய நாட்டு விவசாய வல்லுநர் மேம்படுத்திய நிரந்தர வேளாண்மை முறையானது நிலம் சீர்கெடாமல் தொடர்ந்து நிலையான பலனளிக்கும் விதத்தில் செயல்படுகிறது. இங்கு விவசாயிகளின் அனைத்து தேவைகளையும் பூர்த்தி செய்யும் வகையில் பண்ணையின் எல்லா இயக்கங்களும் நெறிப்படுத்தப்பட வேண்டும். நிரந்தர வேளாண்மையின் ஆரம்பகாலத்தில் மூளையுடன் கூடிய உழைப்பும் செலவும் அதிகமாக இருக்கும். முதலில் லாபம் குறைவாகவே கிடைக்கும். இம்முறை வேளாண்மை

நிரந்தரமாக நிலைத்து நீடித்து நன்மை தரக்கூடியது. இதனை 'பெர்மா கல்ச்சர்' (Perma Culture) என்பர்.

4. உயிராற்றல் வேளாண்மை (Biodynamic Farming)

ஜெர்மன் நாட்டைச் சார்ந்த தத்துவ மேதை ருடால்ப் ஸ்டைனர் என்பவர் உருவாக்கியது தான் உயிராற்றல் வேளாண்மை முறையாகும். இவர் பயிர்களுக்கும் கோள்கள் மற்றும் நட்சத்திர மண்டலங்களுக்கிடையே உள்ள தொடர்புகளையும் அவற்றை பயிர்களுக்கு பயன்படும் வகையில் அமைப்பது பற்றியும் அரிய கருத்துக்களை வெளியிட்டார். உயிராற்றல் வேளாண்மையில் கொம்பு சாண உரம், மூலிகை உரங்கள் போன்றவை தயாரிக்கப்படுகின்றது. இந்த உரங்களுடன் சந்திரனின் பிற நிலைகளையும் பிற கோள்களின் நிலைப்பாட்டின் விளைவுகளையும் விவசாயத்திற்குப் பயன்படுத்த வேண்டும் என்பது இதன் நியதியாகும்.

5. உழவில்லா வேளாண்மை (Do nothing Farming)

ஜப்பானிய நாட்டு புத்த துறவி மசானோபு ஃபுக்குவோகா என்பவர் தனது அனுபவ அறிவால் ஒரு இயற்கை விதியை நிரூபித்தார். இதனையே வைக்கோல் புரட்சி (Straw Revolution) என்று அழைத்தார்கள். உழாமலே சாகுபடி செய்வது எப்படியென்றால் பயிர்கள் அறுவடையின்போது நமக்குத் தேவையான தானியங்களை மட்டும் எடுத்துக்கொண்டு பயிரை அப்படியே விட்டுவிட வேண்டும். இதனால் நிலம் முழுவதற்கும் மூடாக்கு கிடைப்பதால் மேல்மண் காப்பாற்றப்படுகிறது. பின்னர் அதன்மேல்

பசுஞ்சாணத்தைத் தூவினால் வளமான மக்கு உருப்பெறும். உகந்த சூழ்நிலை வரும் போது அம்மக்கின் மீது விதைகளை ஊன்றி பாசனம் செய்வது தான் உழவில்லா விவசாயம் ஆகும். இம்முறையில் விதைப்பதும் அறுவடை செய்வதும் மட்டுமே விவசாயின் வேலையாக இருக்கும்.

6. வளம் குன்றா வேளாண்மை (Sustainable Farming)

விவசாய வளர்ச்சிக்கு இயற்கையில் கிடைக்கும் அனைத்து வள ஆதாரங்களையும் வளம் குன்றா முறையில் பயன்படுத்துவது தான் இம்முறையின் நோக்கமாகும். இதனையே பசுமைப்புரட்சிக்கு வித்திட்ட மாமேதை எம்.எஸ். சுவாமிநாதன் வலியுறுத்தி வந்தார். வளங்குன்றா வேளாண்மையில் நிலவளம், நீர்வளம், வனவளம் ஆகியவை அடிப்படையான அங்கங்களாகும். இத்தகைய வளங்களுக்கு எவ்வித பாதிப்பும் ஏற்படாமல் நீடித்த நிலைத்த விவசாயத்தை நிலைப்படுத்துவது தான் வளங்குன்றா வேளாண்மையின் தத்துவமாகும்.

7. உயிர்சூழல் வேளாண்மை (Ecological Farming)

இயற்கையில் காணப்படும் மரங்கள், விலங்குகள், பறவைகள், நுண்ணுயிரிகள் போன்ற உயிரினங்கள் அனைத்தும் மனித குலத்தோடு நெருங்கிய தொடர்புடையது. உயிர்ச்சூழல் அமைப்பில் இவையாவும் ஒரு சங்கிலி அல்லது வலைப்பின்னல் போன்ற அமைப்பில் செயல்பட்டு வருகிறது. உயிரினங்களின் உணவு முறைகளிலும் இந்த சங்கிலித் தொடர்பு காணப்படுகிறது. இந்த உணவு வலைப் பின்னல் அறுந்து போகாமல் வலுப்பெறும் போது இயற்கை

ஆதாரங்கள் செழிப்பு அடைகின்றன. ஆகவே உயிர்ச்சூழல் அமைப்பிற்கு பாதிப்பு ஏற்படாத வகையில் விவசாய முறைகளை பின்பற்ற வேண்டியது இம்முறையின் முக்கிய கருத்தாகும்.

8. உயிர்சக்தி வேளாண்மை (Bio Energy Farming)

இயற்கையில் என்றும் குறையாமல் மலிவாகக் கிடைத்துக் கொண்டிருக்கும் காற்று, நீர், சூரிய ஒளி, கடல் அலை, சாண எரிவாயு போன்ற இயற்கை ஆற்றல்களுக்கு எக்காலத்திலும் அழிவில்லை. இத்தகைய வலிமை மிக்க ஆற்றல்களை விவசாயத்தில் பயன்படுத்தி வெற்றி காண்பதுதான் இம்முறையின் முக்கியமான நோக்கமாகும். மேலும் சத்து சுழற்சி மூலம் மண்வளத்தை உயிர் சக்தி பெற்றதாக வைத்துக் கொள்ளும் வழிமுறைகளும் இதில் அடங்கும். மேலும் மண்ணில் வாழும் நன்மை செய்யும் நுண்ணுயிரிகளின் ஆற்றல்களையும் பயன்படுத்திக் கொள்வது உயிர்சக்தி வேளாண்மை ஆகும்.

9. சுற்றுச்சூழல் வேளாண்மை (Environmental Farming)

சுற்றுப்புறச் சூழலுக்கு உகந்த உணவு உற்பத்தியை இன்று உலகம் எதிர்நோக்கி காத்திருக்கிறது. நவீன விஞ்ஞான விவசாய வளர்ச்சியின் விளைவாக சுற்றுப்புறச்சூழல் மிகுந்த பாதிப்புக்குள்ளாகி விட்டது. உலகை இயக்கிக் கொண்டிருக்கும் பஞ்சபூதங்களாகிய நிலம், நீர், காற்று, ஒளி, ஆகாயம் ஆகிய அனைத்தும் பாதிக்கப்பட்டு சுற்றுப்புறச் சூழலுக்கு மிகுந்த அச்சுறுத்தலை ஏற்படுத்தி வருகிறது.

எனவே சுற்றுப்புறச் சூழல் எவ்விதத்திலும் சேதப்படாமல் விவசாய உற்பத்தி முறைகளை கையாளுவதுதான் இம்முறையின் சிறப்பு அம்சமாகும். இதனை சுற்றுச்சூழல் நட்பு வேளாண்மை (Eco Friendly Farming) என்பது சாலப்பொருந்தும்.

10. சைபர் பட்ஜெட் வேளாண்மை (Xero Budget Farming)

மகாராஷ்டிரா மாநிலத்தைச் சேர்ந்த சுபாஷ்பாலேக்கர் என்ற அறிஞர் சைபர்பட்ஜெட் வேளாண்மை முறைகளை விவசாயிகள் மத்தியில் அறிமுகப்படுத்தினார். இன்றைய விவசாயத்தில் அதிக செலவு செய்து குறைந்த வருமானத்தைப் பெறும் நிலை நீடித்து வருகிறது. இதனால் அன்றாடம் எளிதில் கிடைக்கும் சில பொருட்களைப் பயன்படுத்தி மண்வளத்தை மேம்படுத்தி பயிர் உற்பத்தியை பெருக்க முடியும் என்ற தத்துவம் நல்ல வரவேற்பைப் பெற்றுள்ளது. இவ்விதம் செலவில்லா தொழில் நுட்பங்கள் அல்லது மிகக் குறைந்த செலவிலான தொழில்நுட்பங்களைப் பயன்படுத்தி இயற்கை சமநிலை பாதிக்காத வகையில் விவசாய முறைகளைக் கையாளுவது சைபர் பட்ஜெட் வேளாண்மையின் முக்கிய நோக்கமாகும்.

11. அதிதீவிர வேளாண்மை (Intensive Farming)

பண்ணையிலுள்ள அனைத்து வளங்களையும் ஆதாரங்களையும் முழுமையாக பயன்படுத்தி என்றும் பசுமை மாறாத பண்ணையை உருவாக்குவது தான் அதிதீவிர வேளாண்மை எனப்படுகிறது. மண்ணின் உயிரோட்டத்தை

அடிப்படையாகக் கொண்டு மண்புழு உரம் உற்பத்தி, நீர் அறுவடை நுட்பம், பூச்சிநோய் நிர்வாகம், ஒருங்கிணைந்த ஊட்டச்சத்து, ஆற்றல் வேளாண்மை, அறுவடை பின் செய் நேர்த்தி, பயிர்த்தேர்வு ஆகிய முறைகளை தீவிரமாக கடைபிடிப்பது தான் இதன் சிறப்பம்சம்.

12. துல்லிய வேளாண்மை (Precision Farming)

இயற்கை வேளாண்மை முறையில் பின்பற்றப்படும் இந்த புதிய தொழில் நுட்பம் அறிவியல் அறிவை அதிகமாக பயன்படுத்திக் கொள்ளும் வகையில் செயல்வடிவம் பெறுகிறது. இயற்கையில் குவிந்து கிடக்கும் அனைத்து வளங்களையும் அறிவியல் துணையுடன் மனித முயற்சியினால் அனுபவிக்கும் ஒரு அற்புத முறையாகும். சூரிய ஒளியையும் பாசன நீரையும் பக்குவமாக பயன்படுத்தி குறைந்த இடுபொருளைக் கொண்டு கூடுதல் மகசூல் பெறும் நோக்கம் கொண்டது. பயிரின் வளர்ச்சிப்பருவம், இலை பரப்பு, பருவநிலை ஆகியவற்றை கருத்தில் கொண்டு பயிருக்குத் தேவையான ஊட்டச்சத்தை மட்டும் துல்லியமாக கணக்கிட்டு வழங்கிட இம்முறை வழி செய்கிறது.

13. பிரபஞ்ச வேளாண்மை (Pranic Farming)

பிரபஞ்ச வேளாண்மை ஒரு பழமையான கலையுடன் கூடிய அறிவியல் முறையாகும். இம்முறையைப் பயன்படுத்தி ஆரோக்கியமற்றிருக்கும் நலிந்து போன பூச்சி நோய்த்தாக்கிய பயிர்களை புத்துயிர் பெறச் செய்யலாம். பிரபஞ்ச சக்தி கொண்டு தாவரத்தின் அனைத்து

ஆற்றல்களையும் எளிதாக வெளிக்கொணர முடியும். நிலம், நீர், காற்று, ஒளி, வெப்பம் ஆகிய பஞ்ச பூதங்களை பயன்படுத்தி பயிர்வளர்க்கும் முறையே பிரபஞ்ச வேளாண்மை எனப்படுகிறது. உயிர்த்துடிப்புள்ள பூமித்தாயின் மடியில் தாவரங்களை தாலாட்டி வளர்ப்பதில் தான் இயற்கையின் இங்கிதம் இருக்கிறது.

14. ஊட்டச்சத்து வேளாண்மை (Nutritional Farming)

நமது உடல் சீராக இயங்கிட கால்சியம், மெக்னீஷியம், இரும்பு, போரான், குரோமியம், செலினியம் போன்ற தாதுப்பொருட்கள் தேவைப்படுகிறது. பயிருக்கு போடும் தழைச்சத்து, மணிச்சத்து, சாம்பல்சத்து ஆகியவற்றால் இந்த சத்துக்களை ஈடுகட்ட முடியாது. மேலும் நமது மண் நாளுக்கு நாள் அதன் இயல்பான தாதுச்சத்துக்களை இழந்து வருகிறது. இதனால் மனிதகுலம் தீராத நோய்களினால் தொல்லைக்கு ஆளாகிறது. ஆகவே மண்ணின் வளத்தை மேம்படுத்தி ஊட்டச்சத்து மிகுந்த உணவுப் பொருட்களை உற்பத்தி செய்வதோடு குறைந்த செலவில் ஆரோக்கிய வாழ்வை அடையும் நோக்கத்தை மையப்படுத்தி இந்த வேளாண்மை முறை பின்பற்றப்படுகிறது.

15. கலப்பு வேளாண்மை (Mixed Farming)

கலப்பு வேளாண்மை என்பது பயிர்த்தொழிலோடு கால்நடை வளர்த்தலையும் சேர்த்து செய்வதாகும். சாகுபடி மண், விலங்குகள், தாவரங்களின் கூட்டு செயல்பாடு இப்பண்ணையின் சிறப்பம்சமாகும். தாவரங்கள்

கால்நடைகளுக்கு உணவாகின்றன. கால்நடைகளின் கழிவுகள் தாவரங்களுக்கு உரமாகின்றன. இதனால் மண்வளம் கொழித்து நுண்ணுயிர்கள் பலுகிப்பெருகி பயிர்கள் செழித்து வளருவதற்கு ஏதுவாகிறது. இவ்விதம் கலப்புப் பண்ணையில் பயிர் வளர்ச்சிக்குத் தேவையான அனைத்து ஊட்டச்சத்துக்களும் கிடைத்து விடுவதால் விளைபொருட்கள் தரம் மிகுந்ததாக காணப்படுகிறது.

16. பல்லடுக்கு வேளாண்மை (Multiple farming)

பல்லடுக்கு பயிர் திட்டம் என்பது தோட்டத்தில் ஒரு பயிர் மட்டும் சாகுபடி செய்து மகசூல் எடுப்பதற்குப் பதிலாகக் பல்வேறு அடுக்குகளில் வெவ்வேறு விதமான பயிர்களை சாகுபடி செய்து விவசாயம் மேற்கொள்வதாகும். நான்கு அநூககு கொண்ட பல்லடுக்கு வேளாண்மையில் தென்னை, பாக்கு உள்ளிட்ட பெரிய மரங்களை முதல் அடுக்கில் சாகுபடி செய்யலாம். 2-வது அடுக்கில் நல்லமிகளகு, வெற்றிலை உள்ளிட்ட கொடி வகைகளை பயிரிடலாம். 3-வது அடுக்கில் குறைந்த உயரம் கொண்ட கோகோ, கிராம்பு, கொய்யா, மாதுளை உள்ளிட்ட செடிகளை நட்டு விடாலம். 4-வது அடுக்கில் தரையளவில் இருக்கக்கூடிய நிழல் தாங்கி வளரக்கூடிய அன்னாசி, இஞ்சி, சேனை, சேம்பு போன்றவற்றையோ அல்லது காய்கறிகளையோ பயிரிடலாம். இதனால் பயிர்கள் சூரிய ஒளி, மண்வளம், தண்ணீர் உள்ளிட்ட வளங்களை முறையாக எடுத்து கொள்ளும். உற்பத்தி விகிதம் அதிகரிக்கும். பல்லுயிர் பெருக்கத்தையும் பராமரிக்க முடியும்.

●●●

5. பல்லுயிரிகள் பாதுகாப்பு

மனிதன் உயிர் வாழ்வதற்குத் தேவையான அனைத்தையும் உயிரினப் பன்மை வழங்குவதால் இன்றையச் சூழலில் பல்லுயிரிகள் பாதுகாப்பு மிக முக்கியத்துவம் பெறுகின்றது. நமது உணவு, உடை, உறைவிடம், ஆரோக்கியம், சுகாதாரம் மற்றும் மனித வாழ்க்கைக்குத் தேவையான அனைத்தையும் உயிரினப்பன்மை நமக்கு அருங்கொடையாக அளிக்கின்றது. உலக உயிரின பன்மையின் வளத்தில் இந்தியா அதி உன்னத இடத்தைப் பிடித்துள்ளது, கல் தோன்றி மண் தோன்றாக் கலைத்தே தொன்று தொட்டு மரபு வழியில் பொக்கிஷமாக நிலை கொண்டிருக்கும் இந்த உயிரின பன்மையத்தை பேணிப்பாதுகாத்து நமக்குப் பின் வரும் சந்ததிக்கு இட்டுச்செல்வது நமது கடமையாகும்.

பல்லுயிரிகள் (Biodiversity) என்பது பல்வேறு வகையான தாவரங்கள், விலங்குகள், பறவைகள் மற்றும் நுண்ணுயிரிகள் ஆகியன பற்றிய விவரங்களும் அவை வாழும் சூழ்நிலை, அமைவிடங்கள் பற்றியும் அறியும் உயிரின அறிவியல் ஆகும்.

உலகில் உள்ள மொத்த உயிரினங்கள் எண் ணிக்கை அதாவது பல்லுயிரிகளின் உயிரின வகை களை சரியாக கணக்கிடுவது மிகவும் கடினமான பணியாகும். தற்போது சுமார் நூறு மில்லியன் உயிரின இனங்கள் இருப்பதாக

கண்டறியப்பட்டுள்ளது. இதில் சுமார் ஒரு மில்லியன் உயிரினங்கள் மட்டுமே முறையாக வகைப்படுத்தப் பட்டுள்ளது. உயிரினங்களில் பூச்சி இனங்கள்தான் அதிகமாக உள்ளதாக அறியப்படுகிறது. சுமார் ஐந்து மில்லியன் பூச்சி இனங்கள் உள்ளது. அதில் ஒரு மில்லியனுக்கும் குறைவான இனங்களை விஞ்ஞானிகள் வகைப்படுத்தி விட்டனர். வகைப்படுத்தப்படாத பெரும்பாலான பூச்சி மற்றும் பல்வேறு வகை விலங்கினங்கள் மலைக்காடுகளில் உயிர் வாழ்கின்றன. அதேபோல் வெப்ப மண்டலப் பகுதிகள் மற்றும் பகுதி வெப்ப மண்டலங்கள் அமைந்துள்ள 12 நாடுகள் மொத்த பல்லுயிரிகளில் 60-70 சதவீத இனங்கள் உள்ளன. இதுபோன்ற நாடுகளை மிகப்பெரிய பெரும் வகைபாடு உடைய பல்லுயிரி வன நாடுகள் என குறிப்பிடப்படுகின்றன. பொதுவாக வெப்பப் பகுதிகளிலும், சமுத்திரங்களின் குளிர்ந்த ஆழங்களிலும் இனங்களின் மிகுதியும், இனங்களின் பரவலும் அதிகமாக இருக்கும்.

இயற்கை வளங்களை மிகுதியாகக் கொண்ட நம் நாடு உயிரியல் வகைப்பாட்டைக் கணக்கில் கொண்டால் வளமான நாடாகும். இதற்குக் காரணம் இந்திய அச்ச ரேகையில் வெப்ப மண்டலப் பகுதி அமைந் துள்ளது. சுற்றுச் சூழலில் ஏற்படும் மாற்றங்கள் கடற்கரைப் பகுதிகளில் மற்றும் பாலைவனங்களில் வேகமாக நிகழ்கின்றன. இமயமலை, கிழக்கு மற்றும் மேற்கு மலைத்தொடர்ச்சிகள், அந்தமான் நிக்கோபார், லட்சத்தீவுகள் ஆகியவற்றைக் கொண்டுள்ளதால் நம் நாடு மிகப்பெரிய உயிரின வகைப்பாடு உடைய நாடாக அமைய காரணிகளாகும்.

சுற்றுச்சூழல் சமநிலையை பாதுகாப்பதில் பல்லு யிரிகளும் அதனைச் சார்ந்த சூழலும் முக்கியமான தாகும். உணவு வலை அல்லது உணவு சங்கிலி என்று அழைக்கப்படும் முறை ஒவ்வொரு சூழ்நிலை அல் லது இடத்திற்கு தக்கவாறு மாறுபடும். இதற்கு ஒரு பொதுவான உதாரணம் வயல்களில் உள்ள செடிகளை வெட்டுக்கிளிகள் உண்கின்றன. பின் இந்த பூச்சிகள் தவளைகளுக்கு உணவாக மாறுகின்றன. இந்த தவளைகளை பாம்புகள் உண்கின்றன. கடைசியாக இந்த பாம்புகளை கழுகு அல்லது பருந்துகள் உணவாக கொள்கின்றன. அதேபோல் காடுகளில் உள்ள புல் பூண்டுகளை மான்கள் உண்கின்றன. இந்த மான் கள் பலம் பொருந்திய சிங்கம், புலி அல்லது சிறுத்தைக்கு உணவாகின்றன. இது ஒரு சிறிய உணவு சங்கிலி ஆகும். இதனைப் போலவே பெரிய உணவு சங்கிலி சூழ்நிலை காடுகள் மற்றும் வயல்களில் காணப்படும். இந்த உணவு சங்கிலியில் பல்வேறு தாவரங்கள் மற்றும் விலங்குகளும் அடங்கும். இயற் கையாக அமைந்த இந்த உணவு சங்கிலியில் உள்ள பல்லுயிரிகளில் ஏதேனும் ஒன்று அழிவதாலோ அல்லது எண்ணிக்கை குறைவதாலோ உயிரினங்களின் அழிவு மறைமுகமாக ஏற்படும். உதாரணமாக காட்டு மரங்கள் அதிகம் அழிவதால் அதில் உள்ள பூச்சிகள் விவசாயிகள் செய்யும் பயிர்களைப் பாதிக்கின்றன. குரங்குகள் நகர்ப்புறத்திற்கு இடம் பெயர்கின்றன. இதுபோன்ற சிறிய மாற்றங்கள் நாளடைவில் ஒன்று சேர்ந்து எதிர்மறையான விளைவுகளை ஏற்படுத்தும். இன அழிவும் உண்டாக வாய்ப்புள்ளது.

உலக மக்கள் தேவைக்கு 80 சதம் தாவரங்கள் உணவு, மருந்து, மகரந்தச் சேர்க்கை மற்றும் விதை பரவல், மரபு அணு மாற்றங்களுக்கு மிகவும் அவசியமாகும். வேளாண் விஞ்ஞானிகளுக்கும், மரபுப் பொறியாளர்களுக்கும் உலகில் வாழும் அனைத்து உயிரி இனங்களின் இருப்பு பற்றிய விவரம் தேவைப்படுகிறது. எதிர்கால உணவுத் தேவைக்காக புதிய பயிர்வகைகளை உருவாக்க அனைத்து தாவர இனங்களும் அவசியத் தேவையாகும்.

இந்த உலகில் தோன்றிய ஒவ்வொரு உயிரினங்க ளுக்கும் அவை வாழ்ந்து குல வளர்ச்சியடைய உரிமை உள்ளது. அதனை அழிக்க இயற்கையைத் தவிர வேறு யாருக்கும் உரிமை இல்லை. ஆனால் மனித குலத்தின் சில தவறான அணுகுமுறையால் பல்லுயிரிகள் நேரிடையாகவோ அல்லது மறைமுகமாகவோ பாதிக்கப்படுகின்றன. பல்லுயிரிகளின் இழப்பு, நமது நாகரிக்திற்கு மிகப்பெரிய அச்சுறுத்தலாகும். இது அணு ஆயுத அச்சுறுத்தலுக்கு அடுத்தபடியாக தற்போது உள்ளது. பூமியை விட்டு மறையும் எந்த உயிர் இனமும் திரும்ப உருவாவதற்கு வாய்ப்பில்லை. ஒரு குறிப்பிட்ட உயிரினம் அழியும்போது அதன் உறைவிடம் சிதைக்கப்பட்டு பல்லுயிரிகளின் இழப்பு ஏற்படுகிறது. காடுகள் அழிப்பு, தொழிற் புரட்சியால் ஏற்படும் மாசு ஆகியன ஓசோன் படலம் சிதைய காரணமாக உள்ளது. பூமி வெப்பமடைந்து தற்போது நிலவும் வித்தியாசமான தட்ப

வெப்ப மாற்றங்களை அனைத்து நாட்டு மக்களும் உணர்ந்து வருகின்றனர். இந்த மாற்றங்களால் பல்லுயிரிகளுக்கு அதிகம் பாதிப்பு உள்ளது. பல நூற்றாண்டுகளுக்கு முன்பு இருந்ததாக கூறப்படும் டைனோசர் என்ற விலங்கினம் முழுவதும் அழிந்து அதனை நாம் தற்போது செயற்கையாக வடிவமைத்த உருவத்தை அல்லது படங்களைப் பார்த்து அறிகிறோம். தற்போது நம் நாட்டில் உள்ள புலி மற்றும் சிங்கம் ஆகிய விலங்கினங்களின் எண்ணிக்கை மிகவும் குறைந்து கொண்டு வருவதாக புள்ளி விவரங்கள் தெரிவிக்கின்றன. ஒரு வேளை ஆயிரம் ஆண்டுகளுக்கு பின் புலி, சிங்கம், ஒற்றைக் கொம்பு காண்டாமிருகம் ஆகியவற்றை நம் சந்ததியினர் படங்களில் மட்டுமே பார்க்க முடியும் என்ற நிலை உருவாகலாம். எனவே பல்லுயிரிகள் பாதுகாப்பு என் பது இயற்கையும், இயற்கையை சார்ந்த உயிரினங்களையும் பாதுகாக்க உருவாக்கிய உயிரியல் அறிவியல் ஆகும். பல்லுயிரிகள் பாதுகாப்புக்காக பல்வேறு வகை சட்டங்கள் மாநில அளவிலும், மத்திய அரசு மற்றும் உலக அளவில் உள்ளன. ஆனால் தனி மனிதன் முயற்சியால் மட்டுமே இயற்கை படைப்பையும் அதனைச் சார்ந்து உள்ள பல்லுயிரிகளையும் பாதுகாக்க முடியும். பல்லுயிரிகளைப் பாதுகாக்கவும் அதன் மூலம் நமது பூமியை காக்கவும் ஒவ்வொரு தனிமனிதனும் ஒரு சிறிய ஆனால் முக்கியத்துவம் வாய்ந்த முயற்சியை எடுக்க வேண்டும்.

●●●

6. மண்வளமும் மக்கள் நலமும்

உலகில் பூமியில் மட்டும் உயிர்கள் தோன்றியிருப்பது அனைவருக்கும் வியப்பை அளிக்கிறது. இது இயற்கை செய்த அற்புதமாகும். சூரியனிடமிருந்து தீப்பிழம்பாய் பிரிந்து குளிர்ந்து விட்ட பூமியின் மேல் வான்மழையாய் வளியாய் பல்லாயிரம் ஆண்டுகளாய் சூழ்ந்து, பாறைகளையும், மலைகளையும் துகள்களாக்கி அவற்றை நற்குணம் கொண்ட மண்ணாய், நல்அன்னையாய் இயற்கை உருவாக்கியது. மண்ணென்பது உயிரோட்டம் நிறைந்தது. துகள்களின் அமைப்பாலும், சேர்க்கையாலும் கரிமப்பொருட்களின் மிகுதியாலும் பல கனிமங்கள் மற்றும் அயனிகளின் இருப்பாலும் மண் தனக்கென பல சிறப்பியல்புகளை கொண்டுள்ளது. நுண்ணுயிர்களையும் மற்றும் பயிர்களை ஊக்குவிக்கும் மண்ணின் இயற்பியல், வேதியியல் மற்றும் உயிரியல் பண்புகளை பாதுகாத்தல் அவசியம்.

வேளாண்மைக்கு இன்றியமையாதது மண். மரம் செடி கொடிகள் வளர மண் வேண்டும். மண்ணில்லாமல் செடிகளை வளர்க்க முடியாதா? முடியும். ஆனால் ஒரு சிறு அளவில் நீரிலோ தென்னை நார்கழிவு, இயற்கை எரு போன்றவற்றிலோ வளர்க்கலாம். இதனைக் கொண்டு 600 கோடிக்கும் மேலான மக்களுக்கு உணவளிக்க இயலுமா? சற்றே சிந்தித்துப் பாருங்கள்.

சரி, செடிகள் வளர்வதற்கு மண் எப்படி உதவி புரிகிறது? வேர்கள் வளர்ந்து செடி ஊன்றி நிற்க உதவுகிறது. பயிர் வளர்வதற்குத் தேவையான ஊட்டச்சத்துக்களை அளிக்கிறது. பயிருக்குத் தேவையான நீரை இருத்தி வைத்து வேர்கள் மூலம் செல்ல உதவுகிறது. இந்த மூன்று பணிகளைத் தங்கு தடையின்றி நடைபெறச் செய்வதுதான் வளமான மண்.

மண் அமைப்பு

மண்ணில் வேர்களின் வளர்ச்சி மண்ணின் தன்மையைப் பொறுத்து மாறுபடும். மணலில் வளரும் செடிகளின் வேர்கள் தங்கு தடையின்றி வளரமுடியும். ஆனால் தேவையான ஊன்றுதலை தரமுடியுமா? இல்லை. செடிகள் எளிதாக சாய்ந்து விடும். ஆனால் களிமண்ணில் வளரும் வேர்கள் நன்கு பிடித்து வைத்துக் கொள்ளப்படும். சில வகை மண்ணிலே அடிமண் மிகவும் இறுக்கமாக இருக்கும். இதனால் வேர்கள் ஆழமாக வளர தடை ஏற்படும். ஆகையால் செடிகள் நன்றாக வளராது. இந்த வகை மண்ணின் தன்மைகளைத் தான் பௌதீகத் தன்மை என்று சொல்கிறோம்.

மணற்பாங்கான நிலத்தில் நீர் நீண்ட நேரம் இருக்காது. எளிதில் வடிந்து விடும். மழை நீரையும் சேமிக்க முடியாது. அடிக்கடி நீர் பாய்ச்ச வேண்டும். ஆகவே இதுவும் ஒரு வளக்குறைபாடுதான். இந்த பௌதீக வளக்குறைபாடுகளை மேம்படுத்த தொழில் நுட்பங்கள் உள்ளன. மணற்பாங்கான நிலத்தின் நீர் வடியும் தன்மையைக் குறைக்க மண் ஈரமாக

இருக்கும் போது கல் உருளையை உருட்டினால் அடிமண் இறுக்கமடையும். குளத்து மண், களிமண், தென்னை நார்க்கழிவு, கால்நடை எரு போன்றவற்றை இடுவதால் நீர் சேமிப்புத் தன்மையை அதிகரிக்கலாம்.

ஊட்டச்சத்துக்கள்

மண்ணின் பணி முக்கிய செடிகளுக்குத் தேவையான ஊட்டச்சத்துக்களை அளிப்பது. எல்லாப் பயிர்களுக்கும் பதினாறு ஊட்டச்சத்துக்கள் தேவைப்படுகின்றன. இந்தச் சத்துக்கள் கிடைக்காவிட்டால் எந்தச் செடியும் முழு வளர்ச்சியை அடைய முடியாது. இதிலே கரிமச் சத்து காற்றிலிருந்து கிடைக்கின்றது. ஹைட்ரஜனும், பிராண வாயுவும் நீரிலிருந்து கிடைக்கிறன. மற்ற பறின்மூன்று சத்துக்களும் மண்ணிலிருந்துதான் கிடைக்க வேண்டும். இந்த பதின்மூன்று சத்துக்களின் தேவை பயிரின் தன்மையைப் பொறுத்து மாறுபடும்.

எல்லா வகை மரம் செடி கொடி களுக்கும் தேவையான எல்லா சத்துக்களையும் தேவையான நேரத்தில் தேவை யான அளவில் கொடுக்கக்கூடிய மண்ணை வளமான மண் என்று சொல்லலாம். ஆனால் அப்படிப்பட்ட முழுமையான வளம் நிறைந்த மண்ணைக் காண்பது அரிதாகும். ஊட்டச்சத்துக்கள் கிடைக்கும் தன்மை வயலுக்கு வயல் மாறுபட்டு இருக்கும். மண் பரிசோதனை செய்தால் எந்தெந்த சத்துக்கள் எவ்வளவு கிடைக்கக்கூடிய அளவிலே இருக்கின்றன என்று தெரிந்து கொள்ளலாம். குறைவாக இருக்கும் சத்துக்களை இயற்கை அல்லது இரசாயன உரங்கள் மூலமாக அளிக்கலாம்.

ஒவ்வொரு பயிரும் எடுத்துக்கொள்ளும் ஊட்டச்சத்துக்கள் எந்த வகையிலாவது மண்ணிற்குத் திரும்ப அளிக்கப்படாவிட்டால் அந்த மண்ணின் வளம் குறைந்து விடும். உதாரணமாக ஒரு எக்டரிலிருந்து ஆறு டன் நெல் விளைச்சல் என்றால் அந்தப் பயிர் கிட்டத்தட்ட நூற்றி இருபது கிலோ தழைச்சத்தையும், இருபத்திநான்கு கிலோ மணிச்சத்தையும், நூற்றி இருபது கிலோ சாம்பல் சத்தையும் மண்ணிலிருந்து எடுத்துக் கொண்டிருக்கும். இந்த அளவு சத்துக்கள் கிடைக்கும் வகையில் நாம் இயற்கை உரங்களையோ இரசாயன உரங்களையோ அளிக்காமல் பயிர் செய்தால் மண்ணிலுள்ள சத்துக்கள் சுரண்டப்பட்டு வளம் குறையும்.

நுண்ணுயிர்களின் பணி

மண்ணிலே இயற்கையாக இருக்கக்கூடிய சத்துக்களும் நாம் உரமாக இடும் சத்துக்களும் நேரடியாக வேர்களால் எடுத்துக் கொள்ளக்கூடிய வகையிலே இருப்பதில்லை. உதாரணமாக, யூரியாவை வயலிலே இட்டால் அதிலுள்ள தழைச்சத்து உடனே பயிருக்குக் கிடைக்காது. யூரியா அம்மோனியாவாகவோ, நைட்ரேட்களாகவோ மாற்றப்பட்ட பிறகுதான் பயிர் எடுத்துக் கொள்ளும். இந்த மாறுதலைச் செய்ய உதவியாக இருப்பவை மண்ணிலிருக்கும் நுண்ணு யிர்கள். அதைப்போலவே சாணி எருவையோ பசுந்தாளுரப் பயிரையோ வயலில் போட்டால் அவை மக்கி இரசாயன

மாற்றமடைந்து, பிறகுதான் அதிலுள்ள சத்துக்கள் கிடைக்கின்றன. இந்த மாற்றத்தைச் செய்பவையும் நுண்ணுயிர்கள்தான். ஆகவே நுண்ணுயிர்கள் மண் வளத்திற்கு முக்கிய காரணிகளாகும்.

ஊட்டச்சத்து

பயிர்களுக்குத் தேவைப்படும் முக்கிய ஊட்டச்சத்து நைட்ரஜன் (தழைச்சத்து) ஆகும். இந்த நைட்ரஜன் நாம் சுவாசிக்கும் காற்றில் எழுபத்திமூன்று விழுக்காடு உள்ளது. பயிர்கள் இதைக் காற்றிலிருந்து எடுத்துக் கொள்ள முடியாது. ஆனால் ரைசோபியம் போன்ற நுண்ணுயிர்கள் காற்றிலிருக்கும் நைட்ரஜனை கிரகித்துச் செடிகளின் வேர்களிலோ தண்டுகளிலோ சேமிக்க முடியும். இந்த உயிரியல் நைட்ரஜன் வைப்புத்தன்மை மண் வளத்திற்கு மிக முக்கியமானதாகும். எனவே நுண்ணுயிர்களின் தன்மை மற்றும் அளவு மண வளத்தின் அறிகுறியாகும். நுண்ணுயிர்களுக்குத் தேவையான எரிசக்தியை கொடுக்கக்கூடிய அங்கக கரிம பொருட்கள் தேவையான அளவு மண்ணில் இருக்க வேண்டும். ஆகவே மண்ணின் அங்கக கரிமச் சத்தின் அளவும் மண் வளத்தைக் குறிப்பதாகும் மண்ணிலுள்ள நுண்ணுயிர்களும் வேர்களும் சரியான முறையில் பணியைச் செய்ய வேண்டுமென்றால் மண்ணில் நல்ல காற்றோட்டம் இருக்க வேண்டும். மண்ணில் நீர் வடியும் தன்மை சரியாக இல்லாமல் இருந்தால்

காற்றோட்டம் சரியாக இருக்காது பயிர் வளர்ச்சி பாதிக்கப்படும். ஆகவே மண்ணின் காற்றோட்டமும் அதன் வளத்தைக் குறிப்பதாகும்.

மண்ணின் பொளதீகத் தன்மை, நுண்ணுயிர்கள், ஊட்டச்சத்துக்கள் ஆகியவை பற்றிப் பார்த்தோம். மண்ணின் இரசாயனத் தன்மையும் வளத்தைக் குறிப்பதாகும். மண்ணின் கார அமில நிலையைப் பொறுத்து ஊட்டச்சத்துக்கள் கிடைக்கும் அளவு மாறுபடும். அமிலத் தன்மை உடைய நிலங்களில் அதாவது கார அமில நிலை நான்கு அல்லது ஐந்து இருந்தாலோ ஒன்பதுக்கு மேலே இருந்தாலோ அது ஒரு முக்கிய இரசாயனக் குறைபாடாகும். இவை வளம் குறைந்த மண்களாகும். அதேபோல மண்ணிலே கண்ணாம்புச்சத்து அதிகமாக இருப்பதும் வளக்குறைபாடு ஆகும்.

மண்ணிலுள்ள மண்புழுக்களின் அளவு கூட ஒருவகையிலே வளத்தைக் குறிப்பதாகும். ஏனென்றால் மண்ணைத் தின்னும் மண்புழுக்களின் குடல் மூலமாக வெளிவரும் கழிவு பல ஊட்டச்சத்துகளையும், வளர்ச்சி ஊக்கிகளையும் கொண்டிருக்கும் அத்துடன் மட்டுமின்றி மண்புழுக்கள் மண்ணில் காற்றோட்டத்தையும் அதிகரிக்கும். எனவே மண் வளத்தைப் பெருக்கவும் காக்கவும் வேண்டியது நமது கடமையாகும்.

●●●

7. மண் வளப் பாதுகாப்பு

மண் பலவிதமான பாறைகளிலிருந்து உற்பத்தியாகிறது. இந்த பாறைகளானது காற்று, மழைநீர், சூரிய வெப்பம் முதலியவற்றால் சிதைந்து அதிலிருந்து பெருமணல், சிறுமணல், வண்டல், களி போன்ற மண் துகள்கள் கிடைக்கின்றது. இதற்கு சுமார் 500 முதல் 1000 ஆண்டுகள் ஆகலாம். மண்ணின் தன்மையைப் பொறுத்து அவை செம்மண், கரிசல் மண், வண்டல் மண், சரல் மண், மலை மண், மணல் என வகைப்படுத்தப்படுகிறது. ஒரு அங்குலம் மேல் மண் உருவாவதற்கு குறைந்தது 100 ஆண்டுகள் ஆகும். மண்ணை செயற்கையாக தயாரித்து பயிர் சாகுபடி செய்ய முடியாது.

மண் அமைப்பில் உள்ள அங்ககச் சத்து மண்ணுக்கு பல்வேறு வகைகளில் சக்தியை அளிக்கின்றது. மண்ணில் அங்ககச் சத்து அதிகமாக இருப்பின் அந்த மண்ணில் பல வகையான நுண்ணுயிர்களின் வளர்ச்சி இனப்பெருக்கம் முதலியன நன்றாக அமையும். மண்ணில் தேவையான அளவு அங்ககச் சத்து இருந்தால் தான் தொடர்ந்து நாம் நல்ல விளைச்சல் எடுக்க முடியும்.

மண்ணின் ஒட்டு மொத்த சத்து நிலையையும் நுண்ணுயிர்களின் செயல்பாட்டினால் ஏற்படும்

உயிரோட்டத்தையும் உள்ளடக்கிய ஒரு அடி வரையிலும் உள்ள மேல் மண்ணே விவசாயத்திற்கு பெரிதும் இன்றியமையாத அடித்தளம் ஆகும். ஆகவே நிலத்தின் மேல் மண்ணை எவ்விதத்திலும் இழந்துவிடாமலிருத்தல் இன்றியமையாததாகும்.

நஞ்சில்லா வேளாண்மைக்குள் நுழையும் யாரும் மண்வளத்தைப் பெருக்காமல் விளைச்சல் எடுக்க முடியாது. வளமான மண்ணே வளமான வாழ்வுக்கு அடிப்படை. மனித குலத்துக்கு மட்டுமல்ல இவ்வுலகின் நிலப்பரப்பில் உள்ள அனைத்து உயிர்களின் வாழ்வுக்கும் மண் இருப்பிடமாய் அமைவதோடு அவைகளுக்கான உணவையும் ஆரோக்கிய வாழ்வையும் அளிக்கின்றது. புறநானூற்று கூற்றுப்படி நிலத்தையும் நீரையும் ஒன்றிணைத்து உணவைப் படைத்தவர்களே உடம்பையும் உயிரையும் படைத்தவராகின்றனர்.

மண் எனப்படுவது பயிர்களைத் தாங்கி இருக்கும் வெறும் சுமை தாங்கியல்ல. அதில் ஒரு குடும்பம் போல பல்வேறு வகையான நுண்ணுயிர்களும் பூஞ்சாணங்களும் இன்னும் பிற சிறு உயிரினங்களும் வாழ்கின்றன. இதை நாம் புரிந்து கொள்ளாமல் இரசாயன உரம் பூச்சிக்கொல்லிகள் என்ற பெயரில் நஞ்சைக் கொட்டும் போது மண் தனது இயல்பை இழந்துவிடுகிறது. உயிருள்ள மண்ணை நாம் சாகடித்து விடுகிறோம். இதனால் தண்ணீர் நிலத்தினுள் இறங்குவது

இல்லை. மண் அரித்து செல்லப்படுகிறது. வேர்களும் நிலத்தில் இறங்கக் கடினமாக இருக்கிறது. இதனால் விளைச்சல் குறைகிறது.

மண்ணில் உள்ள கரிமப் பொருட்களின் அளவும் மண்ணில் வாழும் நுண்ணுயிர்களின் எண்ணிக்கையும் சேர்ந்து மண்ணின் உயிரியல், இயற்பியல் மற்றும் வேதியல் தன்மைகளை நிர்ணயிக்கின்றன. இதன் அடிப்படையில் தான் மண், மணல் என்ற இரு பெரும் கூறுகள் அமைந்தன. உயிர்த்தன்மை நிறைந்த மண்ணில் மண்புழுவும், மரவட்டைகளும், உண்ணிகளும், எறும்பும், கரையானும், வண்டினங்களும், பூரானும், தேளும் இன்னும் பல்வேறுபட்ட கண்ணுக்குத் தெரியாத உயிரினங்களும் ஆயிரக்கணக்கில் கண்டுபிடிக்கப்பட்டன. நுண்ணோக்கி கண்டு பிடிக்கப்பட்ட பிறகு நல்ல வளமான ஒரு தேக்கரண்டி அளவுள்ள மண்ணில் மட்டும் 500 கோடி நுண்ணுயிர்களும், இரண்டு கோடி ஆக்டினோமைசீடுகளும், 10 லட்சம் புரோட்டோசோவாக்களும், இரண்டு லட்சத்திற்கும் மேற்பட்ட பாசிகளும், பூசணங்களும், வைரஸ்களும் இருப்பதை ஆராய்ச்சியாளர்கள் கண்டறிந்தனர்.

இவை தவிர இதுவரை கண்டுபிடிக்கப்பட்டுள்ள பத்து லட்சத்திற்கும் மேற்பட்ட பூச்சியினங்களில் ஏறத்தாழ 90 சதவீத பூச்சியினங்கள் தங்கள் வாழ்க்கைப் பருவத்தின் ஏதோ ஒரு பகுதியையாவது மண்ணில் கழிக்கின்றது. இவ்வளவு

உயிரினங்களும் பெரும்பாலும் ஒரு அடி உயர மேல் மண்ணிலேயே வாழ்க்கை நடத்துகின்றன. நிலத்தில் சேரும் பயிர்க்கழிவுகளும் விலங்கு கழிவுகளும் நுண்ணுயிரிகளால் சிதைக்கப் படுகின்றன. மண்ணில் வாழும் ஆக்டினோமைசிட்ஸ் போன்ற நுண்ணுயிர்களால் தான் மண்வாசனை ஏற்படுகிறது.

மண்வள பாதுகாப்பு முறைகள்

1. **பயிர் தேர்வு -** விவசாயிகள் தங்கள் மண்ணுக்கேற்ற கார, அமில, சம நிலையைப் பொறுத்து பயிர் வகைகளைத் தேர்வு செய்ய வேண்டும். மலைச்சரிவில் உள்ள அமில மண்ணில் ஏலக்காய், காபி, தேயிலை போன்ற பயிர்கள் நன்றாக வளரும். உவர் மண்ணில் மிளகாய் கொத்த மல்லி போன்ற பயிர்கள் வளரும். சமநிலை மண்ணில் நெல், கரும்பு, சோளம், காய்கறிகள், பருத்தி போன்றவை நன்றாக வளரும். சரிவு அதிகமாக உள்ள இடங்களில் மரப்பயிர்கள், புல்வகைகள், பயறு வகைகள் பயிரிடலாம். சரிவில்லாத சமதளப் பகுதியில் இஞ்சி, மஞ்சள் போன்றவற்றைப் பயிர் செய்யலாம்.

2. **உழவியல் முறை** - சரிவான இடங்களில் பயிர்களை நடவு செய்ய சரிவுக்கு குறுக்காக பாத்திகள் அமைக்கலாம் அல்லது குழிகள் எடுக்கலாம். இதனால்

மண் அரிப்பு தடுக்கப்படுகிறது. சரிவில்லாத மானாவாரிப் பகுதியில் ஆழச்சால் அகலப்பாத்தி அமைக்கலாம். இதனால் மண்ணின் ஈரம் பாதுகாக்கப்படுகிறது. கோடை உழவு செய்வதும் சிறந்த பயனளிக்கும்.

3. **பயிர் சுழற்சி** - ஒரே பயிரை மீண்டும் மீண்டும் தொடர்ச்சியாக அதே நிலத்தில் பயிரிடும் போது மண்ணின் வளம் வெகுவாகப் பாதிக்கப்படுகிறது. ஒரு பருவப் பயிர்களை அறுவடை செய்தவுடன் மாற்றுப் பயிர்களை பயிர் செய்வதன் மூலம் மண்ணின் வளத்தை நிலை நிறுத்த முடியும். பொதுவாக இருவிலைத் தாவரங்களை அறுவடை செய்தவுடன் ஓரிலைத் தாவரங்களைப் பயிர் செய்யலாம். அதே போல் மண்ணில் அதிக ஆழத்தில் வேர் ஊன்றக்கூடிய பயிர்களை மண்ணின் மேற் பரப்பில் வேர் படரக்கூடிய பயிர்களுடன் பயிர் சுழற்சி செய்யலாம்.

4. **கலப்பு பயிர்** - பொதுவாக அதிக இடைவெளி விட்டு நடும் பயிர்களின் இடைவெளியில் ஊடுபயிர்களைப் பயிர் செய்வதால் மண்வளத்தைக் காக்க முடியும். இடைவெளி நிரப்பப்படாமலிருந்தால் அதிக சூரிய வெளிச்சம் மற்றும் மழையின் தாக்கத்திற்கு உள்ளாகி மேல் மண் பாதிக்கப்படுகிறது. பயிருக்கான சமச்சீர் ஊட்டம் கிடைக்க பல்வகைப் பயிர் விதைப்பு வழி வகுக்கும்.

5. **மண்ணில் புதைத்தல் -** பயிர்களின் இலை, தழை, சருகு, தண்டு, சிறுகுச்சிகள் மற்றும் பயிர்க்கழிவுகள் போன்றவற்றை மண்ணில் புதைத்து விடலாம். இதனால் மண்ணின் வெப்பநிலை ஒரே சீராக இருக்கிறது. மண்ணில் நுண்ணுயிரிகளின் செயல்பாடு அதிகரிக்கிறது. மண்ணின் ஈரப்பதம் பாதுகாக்கப்படுகிறது. களைகள் கட்டுப்படுத்தப்படுகிறது. மண் அரிப்பு தடுக்கப்படுகிறது. புதைக்கப்பட்ட கழிவுகள் நாளடைவில் மக்கி மண்வளத்தை அதிகரிக்கிறது.

6. **அங்கக எருவிடுதல் -** பயிர்களின் சீரான வளர்ச்சிக்கு மண்ணில் உள்ள ஊட்டச்சத்துக்களின் அளவினை சமன் செய்ய அங்கக எருக்களை இடுவது அவசியமாகிறது. தொழு உரம், கம்போஸ்ட், குப்பை, மண்புழு உரம், புண்ணாக்கு, கரம்பை, ஆட்டுப்புழுக்கை, கோழி எரு, மக்கிய மீன் கழிவு, பயிர்க்கழிவு ஆகியவற்றை எருவாக இடலாம்.

7. **பசுந்தாள் பயிர்கள் -** மண்ணில் உள்ள ஊட்டச்சத்துக்களை அதிகரிக்க பசுந்தாள் பயிர்களைப் பயிரிடலாம். பயறுவகைப் பயிர்களான சணப்பை, அகத்தி, தட்டைப்பயறு, கொளுஞ்சி, தக்கைப் பூண்டு போன்றவற்றைப் பயிரிட்டு அவை பூக்கும் பருவத்தை

அடையும் முன் அவற்றை மண்ணோடு சேர்த்து மடக்கி உழுதுவிடலாம். இதனால் அதிக அளவு தழைச்சத்து மண்ணுக்கு கிடைக்கிறது.

8. **மூடாக்கு பயிர்கள் -** மண்சரிவு அதிகமாக உள்ள இடங்களில் பயறு வகைப் பயிர்களான கொளுஞ்சி, கலப்பகோனியம், சிக்கிலி, சென்டிரோசிமா, பீயூரேரியா, தட்டைப்பயறு போன்ற மூடாக்கு பயிர்களை மூடுபயிராக வளர்க்கலாம். இவை நன்றாக வளர்ந்து மண்ணை முடி மண் அரிப்பைத் தடுப்பதோடு மண் வளத்தையும் அதிகரிக்கிறது.

9. **உர உயிரிகள் -** நன்மை பயக்கும் நுண்ணுயிர்கள் மண் மற்றும் பயிர்களுக்கு ஊட்டச்சத்தை அளிக்க வல்லது. ரைசோபியம், அசோஸ்பைரில்லம், அசோலா, அசட்டோபாக்டர், பாஸ்போபாக்டீரியா, மைக்கோரைசா மற்றும் நீலபச்சைப் பாசி முதலியவை உர உயிரிகளில் முக்கியமானதாகும்.

10. **களை நிர்வாகம் -** இடைவெளி அதிகமுள்ள உயரமான பயிர்களில் கூடுமானவரை களைகளை மண்ணில் நிறுத்தலாம். களைகளை முழுவதும் அகற்றிவிட்டால் மண் அரிப்பு ஏற்பட ஏதுவாகிறது. களைகள் பூப்பதற்கு முன் அவற்றின் தழைகளை வெட்டி மண்ணில்

புதைத்திடலாம். களைகளை தீயிட்டு கொளுத்தக் கூடாது. களைகள் மண்ணின் மருத்துவர்கள்.

11. **காற்று தடுப்பான்கள் -** அதிவேக காற்றினால் மண்ணின் ஈரப்பதம் வெகுவிரைவில் ஆவியாவதுடன் மேல் மண்ணையும் அகற்றி விடுவதால் மண் வளம் பாதிக்கப்படுகிறது. இதனைக் கட்டுப்படுத்த காற்றைத் தடுக்கும் உயரமான மரங்களான சில்வர் ஓக், சவுக்கு, மூங்கில், நெட்டிலிங்கம் போன்றவற்றை காற்றின் திசையில் குறுக்கே மிகவும் நெருக்கமாக வளர்க்கலாம்.

12. **காடுகள் வளர்ப்பு -** விவசாயிகள் தங்கள் நிலத்தின் ஒரு பகுதியில், குறைந்தது 10 சதவீதம் அளவில் பழமரங்கள், மூலிகை மரங்கள், கால்நடைத் தீவன மரங்கள், நிழல் தரும் மரங்கள், காற்றுத் தடுப்பான்கள் போன்ற மரவகைகளை நட்டு வளர்க்கலாம். இதனால் விவசாயம் செழிப்பதுடன் சுற்றுப்புறச் சூழலும் சீரடையும்.

●●●

8. மண்ணின் உயிரோட்டம்

இயற்கை விவசாயம் என்பது பயிர்களுக்கு மண்ணில் உள்ள சத்துகளை நுண்ணுயிர்கள் மூலம் உணவளிக்கும் முறை ஆகும். போதுமான சத்துக்கள் மண்ணின் வளத்துக்கு ஏற்ப வழங்கப்படும் போது பயிரின் ரகத்துக்கு ஏற்ப முழுமையான மகசூல் கிடைக்கும். அனைத்து பயிர்களிலும் இயற்கை முறைகளை கடைபிடிக்க முடியும். பாரம்பரிய விதைகளை பயன்படுத்தினாலும் அல்லது பிறவகை வீரிய ஒட்டு ரக விதை களை பயன்படுத்தினாலும், முறையான பராமரிப்பு இல்லை என்றால் நோயும் பூச்சி தாக்கமும் வரும். லாபகரமான விவசாயம் செய்வதற்கு மூன்று வருடம் வரை காத்திருக்க வேண்டிய அவசியம் இல்லை; மண்வளம் மற்றும் அந்தந்த வளர்ச்சி பருவத்திற்கு ஏற்ப தேவையான இடு பொருள்களை சரியான விகிதத்தில் கொடுத்தால் முதல் ஆண்டிலேயே மண்ணை வளப்படுத்தி, உற்பத்தியை பெருக்க முடியும்.

மண்ணின் உயிரோட்டம்

ஒரு செடி செழித்து வளர்வதற்கு நாம் அளிக்கும் வெளிப்புற உரங்களை விட, அந்தச் செடி வளரும் மண்ணின் உள்ளார்ந்த ஆரோக்கியமே மிக முக்கியமானது. இதனைப்

பல விவசாயிகள் அறியாமல் உரங்களை மட்டுமே நம்பி இருக்கின்றனர். ஆரோக்கியமான மண் என்பது செடிகளுக்குத் தேவையான ஊட்டச்சத்துக்களைத் தருகிறது. வேர்கள் சுவாசிக்கத் தேவையான காற்று இடைவெளிகளையும், நீரைச் சரியாகத் தேக்கி வைத்து செடிகளுக்குக் கடத்தும் சமநிலையையும் வழங்குகிறது. எல்லாவற்றுக்கும் மேலாக, மண்ணில் வாழும் கோடிக்கணக்கான கண்ணுக்குத் தெரியாத நுண்ணுயிர்களே செடியின் வளர்ச்சியைத் தீர்மானிக்கும் உண்மையான சக்திகளாகும். நாம் செடிகளுக்குத் தரும் உரங்கள் உடனடி மற்றும் குறுகிய கால பலனைத் தந்தாலும், மண் வளத்தைப் பாதுகாப்பது மட்டுமே விவசாயத்தில் நீண்ட கால மற்றும் நிலையான வளர்ச்சிக்கு வழிவகுக்கும். எனவே, ரசாயன உரங்களைச் சார்ந்து இருப்பதை விட, மண்ணின் உயிரோட்டத்தைப் புரிந்துகொண்டு, அந்த மண்ணில் வாழும் நுண்ணுயிரிகளைப் பாதுகாப்பதே முதன்மையான கடமையாகும்.

மண்வள மேலாண்மை

மண் வளத்தை அதிகரிக்க வருடம் ஒருமுறை சணப்பு, தக்கைப்பூண்டு, அவுரி, கொழிஞ்சி போன்ற ஏதாவது ஒரு பசுந்தாள் உரப்பயிர் அல்லது பல தானிய விதைப்பு செய்ய வேண்டும். பூக்கும் காலத்துக்கு முன்பு வரை ஒரு சாகுபடியாக

வளர்த்து அதனை உரிய காலத்தில் மடக்கி உழ வேண்டும். அனைத்து நிலங்களிலும் தழைச்சத்துக்காக சாணம், மணிச்சத்துக்காக மண்புழு உரம் அல்லது எலும்பு உரத்தையும், சாம்பல் சத்துக்காக சாம்பலையும் கலந்து இடவேண்டும். மண்ணில் உள்ள கிருமிகள், பூச்சிகள் மற்றும் வண்டுகளின் பாதிப்பு இல்லாமல் இருப்பதற்காக ஒவ்வொரு சாகுபடிக்கு முன்பும் வேப்பம் புண்ணாக்கு கொடுக்கப்பட வேண்டும். அடி உரம் இல்லாமல் பயிர் செய்வது விளைச்சலை குறைக்கும். கோடை உழவு செய்து குறைந்த பட்சம் பத்து நாட்கள் வரை அதிக வெயில் சூட்டில் மண் இருக்குமாறு செய்ய வேண்டும். இதனால் மண்ணில் உள்ள வேர்களை தாக்கும் நூற்புழுக்கள், அழுகலை உருவாக்கும் கிருமிகள், புழுக்களின் முட்டை மற்றும் வண்டுகள் அழிவதற்கு வாய்ப்பு ஏற்படும்.

பயிர் பாதுகாப்பு முறைகள்

இயற்கை இடு பொருள்களானமீன் அமிலம், பஞ்சகவ்யா, இ.எம் கரைசல், ஜீவாமிர்தம், அமுத கரைசல் போன்ற கரைசல்களில் ஏதேனும் மூன்றினை பயிரின் தன்மைக்கு ஏற்ப முன்கூட்டியே தயாரித்து வைத்திருக்க வேண்டும். அனைத்து வகை நிலங்களிலும் பூச்சிகள் பயிர்களை தாக்காத வண்ணம் வரப்புகளுக்கு உள்ளே பொறிப்ப யிர்களாக ஆமணக்கு, மக்காச்சோளம் மற்றும் தட்டைப்பயறு

போன்றவற்றை வளர்க்கலாம். இயற்கை பாதுகாப்பு பொருள்களாக வேப்பங் கொட்டை கரைசல், வேப்ப எண்ணெய், பத்திலை கசாயம், மூலிகை பூச்சி விரட்டி, கற்பூர கரைசல் போன்றவற்றில் ஏதேனும் மூன்று கரைசல்களை வைத்திருக்க வேண்டும். ஊடுபயிர் மற்றும் பயிர் சுழற்சி செய்வது பூச்சி மற்றும் நோய் தாக்கத்தை தடுத்து உற்பத்தி செலவை குறைக்கும். அதிக வெயில் உள்ள பகுதிகளில் வரப்புகளில் சீமை அகத்தி அல்லது மரப் பயிர்களை நடுவதால் வெப்பத் தாக்கம் குறைக்கப்பட்டும், பசுந்தாள் உரம் அதிகம் கிடைக்கவும் வாய்ப்பு ஏற்படும். ஒவ்வொரு பாசனத்தின் வழியாகவும் ஏதேனும் ஒரு இயற்கை இடுபொருட்கள் செல்லும் வகையிலும், 8 முதல் 12 நாட்களுக்கு ஒருமுறை இயற்கையான பாதுகாப்பு பொருள்களை தெளிக்கும் வகையிலும் கட்டமைப்பை உருவாக்க வேண்டும்.

உயிர் உரங்கள் மற்றும் தொழில்நுட்பம்

வேர் அழுகலை சரி செய்ய சூடோமோனாஸ், டிரைக்கோடெர்மா விரிடி, பாசிலோ மைசீஸ் ஆகியவற்றுடன், பூச்சிகளுக்கு வெர்டிசீலியம் லக்கானி, புழுக்களுக்கு பேசிலஸ் துரிஞ்சியன்சிஸ், பேவேரியா பேசியானா, வண்டுகளுக்கு மெட்டாரைசியம், தழைச்சத்துக்கு அசோஸ்பைரில்லம், மணிச் சத்துக்கு பாஸ்போ பாக்டீரியா, சாம்பல் சத்துக்கு பொட்டாஷ் பாக்டீரியா போன்ற உயிர் உரங்கள் மற்றும் உயிரியல்

கட்டுப்பாட்டு காரணிகளை பவுடராகவோ அல்லது திரவமாகவோ காலாவதி நாட்களுக்கு முன்கூட்டியே வாங்கி வைத்துக் கொள்ள வேண்டும். நிலத்தின் மண் பரிசோதனை மற்றும் தண்ணீர் பரிசோதனை அறிக்கைகளை வைத்திருக்க வேண்டும்.

ஒருங்கிணைந்த பண்ணையம்

அங்கக சான்றிதழ் பெறுவதற்காக அருகில் உள்ள வேளாண்மை துறை மற்றும் தோட்டக்கலைத் துறை மூலமாக விண் ணப்பித்து சான்றிதழ்கள் பெற வேண்டும். இயற்கை முறையில் களைக் கட்டுப்பாடு, விலங்கு மற்றும் பறவைகள் கட்டுப்பாடு, கால்நடை மற்றும் கோழி வளர்ப்பு போன்ற விவரங்களை அறிந்துகொண்டு முடிந்த வரை ஒருங்கிணைந்த பண்ணையாக செயல்படுத்த வேண்டும். வேளாண் இயந்திரங்கள், சூரிய உலர்த்தி, குளிர்பதன கிடங்குகள், மண்ணின் ஈரப்பதம் பார்க்கும் கருவி, கைபேசி மூலம் மோட்டார்களை இயக்கும் கருவி போன்றவை இருப்பது நல்லது. உள்ளூர், வெளியூர் சந்தைகள் குறித்த தகவல்களை அறிந் திருப்பது விளைபொருட்களை லாபகரமாக விற்க உதவும். அவ்வப்போது இயற்கை விவசாயத்தில் ஏற்படும் சந்தேகங்களை நிவர்த்தி செய்யும் வகையில் ஏதேனும் ஒரு ஆலோசகருடன் இணைந்து செயல்படுவது உங்கள் விவசாயத்தின் வெற்றியை உறுதி செய்யும்.

•••

9. பாரம்பரிய கால்நடைகள்

இயற்கை வேளாண்மையில் உழவுடன், உழவுத்தொழில் சார்ந்த உபதொழில்களை மேற்கொள்வது சிறப்பாகும். நஞ்சில்லா உணவு உற்பத்தியில் கால் நடைகள் முக்கிய பங்கு வகிக்கின்றன. கால்நடைகளின் பல்வகை பயன்பாடுகளை நமது முன்னோர்கள் அறிந்திருந்தார்கள், அதன்பயனாக ஒரு காலத்தில் விலங்குகளை வேட்டையாடித் தின்றவர்கள் அவற்றை வளர்க்கத் தொடங்கினார்கள். பாரதியார் தம் பாட்டில் எளிமையாக அவை பற்றி குறிப்பிட்டுள்ளதைக் காணலாம்.

பசு பாலைப் பொழிந்து தருகிறது. அதனால் மனிதருக்கு பல பயன்கள் உண்டு, மாடு வயலில் உழுது வருகிறது. குதிரை வண்டி இழுக்கிறது வாலைக் குழைத்து வரும் நாய் மனிதனுக்கு தோழனாக விளங்குகிறது. மனிதனை அண்டிப்பிழைக்கின்றது ஆடு. அதை ஆதரிக்க வேண்டுவது நமது கடமை. கொத்தித்திரியும் அந்தக்கோழியை கூட்டி விளையாடடி பாப்பா என்று பாரதியார் பாடியது நம் அனைவருக்கும் பொருந்தும்.

ஒரு பண்ணையின் அளவு, கிடைக்கின்ற தீவனங்கள், தண்ணீர் அளவு, சந்தை விவரம், உழைப்பவர் எண்ணிக்கை

ஆகிய காரணிகள் என்ன கால்நடை? எவ்வளவு எண்ணிக்கையில் வளர்க்க வேண்டும்? என்பதை தீர்மானிக்கின்றன. மொத்தத்தில் பிற வேளாண்மை தொழில்களோடு கோழி வளர்ப்பையும் இணைத்துக்கொண்டு செயல்படும் உழவர்களுக்கு நிலைத்த நீடித்த பயன்கள் கிடைக்கின்றன. மேலும் சத்து மிகுந்த முட்டை, இறைச்சி பெற முடிகிறது.

அதே போன்று மாடுகள் மனித வாழ்வில் பல வழிகளில் பயன்படுகின்றன. உணவு தரும் தாயாக, நிலத்திற்கு எரு உற்பத்தி செய்து தரும் பேராற்றலாக, புதுப்பிக்கக்கூடிய ஆற்றலுக்கான ஆதாரமாக, மடிந்த பிறகும் கூட மனித வாழ்க்கைக்கும் சுற்றுக்சூழலுக்கும் பயன்தருபவை பசுமாடுகள். இதை உணர்ந்திருந்த நம் முன்னோர்கள் மாடுகளை செல்வமாகவே கருதினார்கள். நமது நாட்டு மாடுகள் பயிர்த்தொழிலிலும் போக்குவரத்திலும் பயன்படுகின்றன. பசுவாக இருந்தால் நிறைய பால் தருகிறது. காளையாக இருந்தால் பண்ணை வேலைகளைத் திறம்படச் செய்கிறது. பாலுக்காகவும், தயிர் வெண்ணைக்காகவும் சிறந்த எருமை மாட்டு இனங்களை நமது முன்னோர்கள் வளர்த்து இருக்கிறார்கள்.

ஏழைகளின் லெட்சுமி வெள்ளாடு என்பார்கள். திருநாள் பெருநாள் மற்றும் திடீரென எற்படும் செலவுகளுக்கு ஒரு உழவருக்கு கைகொடுப்பது ஆடுதான். அதிக தீவன

செலவு இல்லை. பராமரிப்பது எளிது. குறைவான இடவசதி போதும். எந்த நேரத்திலும் விற்றுவிடலாம். ஆடு தின்றது போக மீதமுள்ள இலைதழை போன்ற கழிவுகள் மற்றும் எரு, மூத்திரம், உரோமம் முதலியவை சிறந்த இயற்கை எருவாகப் பயன்படுகின்றன. நம் வீட்டிற்குத் தேவையான பால் கிடைக்கும். சிறந்த பயிர் ஊக்கியான ஆட்டூட்டம் போன்றவை தயாரித்து பயிருக்கு தொளிக்கலாம். ஆடுகள் பயிர்களுக்கு இடையிலும், வரப்புகளிலும், வேலிகளிலும், தரிசுகளிலும் முளைக்கின்ற புல் பூண்டுகளை விரும்பி ஊண்ணுகின்றன.

அதிக லாபம் பெறும் நோக்கத்தில் உழவர்கள் இரசாயன உரங்கள், பூச்சிக்கொல்லிகள் பயன்படுத்தி. விளைவிக்கப்பட்ட தீவனங்களை கால்நடைக்குக்கு கொடுத்து வருகின்றனர். இதனால் கால்நடைகளுக்கு பலவித நோய்கள் ஏற்படுகின்றன. இத்தகையை கால் நடைகளிலிருந்து கிடைக்கும் முட்டை, பால், இறைச்சி போன்றவற்றைப் பயன்படுத்தும் மக்களுக்கு நோயின் தாக்கம் ஏற்படும். கால்நடைகளின் உண்மையான பலனைப் பெறவேண்டுமெனில் இயற்கையாகக் கிடைக்கும் நஞ்சில்லா உணவு வகைகளையும், மூலிகை மருந்துகளையும் கொடுத்து கல்நடைகளை வளர்க்க வேண்டும்.

•••

10. சிறுதானியங்களின் சிறப்புக்கள்

இயற்கை வேளாண்மையில் சிறுதானியங்கள். ஒரு முக்கிய அங்கமாகக் கருதப்படுகிறது. ஏனெனில் இவை வறண்டநிலத்தில் குறைந்த நீரில் விளைகிறது. இவற்றிற்கு இரசாயன உரங்கள் பயன்படுத்தப்படுவது இல்லை. இவை விளைச்சல் தருவதற்கு நெல்லுக்குத் தேவைப்படும் தண்ணீரில் 25 சதவீதம் இருந்தால் போதுமானது. பொதுவாக மானாவாரிப் பயிராகவே சிறுதானியங்கள் விளங்குகின்றன. மேலும் சிறுதானியங்களில் தாதுச்சத்துக்கள் மற்றும் நளர்ச்சத்துக்கள் குவிந்து இருக்கிறது. அதோடு புரதம், இரும்பு, கால்சியம் போன்றவை நிறைந்து இருப்பதால், நாம் தொடர்ந்து உண்ணும் போது பல நோய்களிலிருந்து தப்பித்துக் கொள்ளலாம். எனவே ஒருநாளைக்கு ஒரு வேளையாவது சிறுதானிய உணவுகளை உட்கொள்ளும் பழக்கத்தை எற்படுத்திக் கொள்ள வேண்டும்.

காலங்காலமாக நாம் பாரம்பரிய உணவுகளைத்தான் உண்டு வந்திருக்கிறோம். அவை நமது கலாச்சாரம் மற்றும் நாம் வாழும் இடத்தின் தட்ப வெப்பம், பருவநிலை போன்றவைகளைச் சார்ந்திருந்தது. அப்படி விளைவிக்கப்பட்ட உணவுகள் நமது உடல் மற்றும் மனநல

ஆரோக்கியத்தைப் பேணிக் காத்தது. ஆனால் சமீப காலங்களில் நம் உணவு பழக்க வழக்கங்களில் மிகப்பெரிய மாறுதல்கள் ஏற்பட்டுள்ளது. உணவு வியாபாரமாக்கப்பட்டு வரும் இந்நாட்களில் நமது முன்னோர்கள் கற்றுத்தந்த மரபுவழி உணவுப் பழக்கங்களை மறந்து விளம்பரங்கள் திணிக்கும் உணவுகளுக்கு முக்கியத்துவம் கொடுக்கத் தொடங்கி விட்டோம்.

எப்போதுமே விலைகுறைந்த தரமான பொருட்களை நாம் மதிப்பது இல்லை, உடல் நலத்திற்காக பலவிதமான நெட் ஒர்க் கம்பெனிகள் பலவிதமான சத்து மாத்திரைகளையும் மருந்துகளையும் அதிகவிலையில் விற்கின்றன. அதை வாங்க தயக்கப்படாத நாம், சிறுதானியங்கள் என்று அழைக்கப்படும் சத்து தானியங்களான கம்பு, கேழ்வரகு, சோளம், தினை, பனிவரகு, சாமை, குதிரைவாலி போன்றவற்றை நம் உணவுப் பட்டியலில் சேர்ப்பது இல்லை, ஒரு காலத்தில் நமது பாரம்பரிய உணவாக இருந்து பலவகையான நன்மைகளை அள்ளித்தந்த சிறுதானியங்கள் இன்று நமது சாப்பாட்டுத் தட்டை விட்டே மறைத்து விட்டது.

தற்போது பூமிப்பந்து சூடாகி பயிர்களின் விளைச்சலில் பாதிப்பு ஏற்படுத்தும் போதும் அதையெல்லாலம் தாங்கி வளரக்கூடிய சத்தி சிறுதானியங்களுக்குமட்டுமே உண்டு. இவை குறைந்த பராமரிப்பில் சிறந்து வளருகின்றன. சிறுதானியங்களில் தமது

உடலுக்குப் பொருத்தமான உணவுகளை நாம் தேர்ந்தெடுத்து சப்பிட்டால் ஆராக்கியத்தை மேம்படுத்த மருத்துவமனைகளைத் தேடிச் செல்லவேண்டியதில்லை. சிறுதானியங்கள் தான் இனிமேல் நமது எதிர்கால ஸ்மார்ட் உணவாகப் போகிறது. ஏனெனில் சிறுதானியங்களில் உள்ள தாது உப்புக்கள் போன்ற சத்துக்கள் அரிசி, கோதுமையை விட அதிக அளவில் உள்ளது. அதோடு சிறுதானியங்களில் உள்ள நார்ச்சத்துகள் மற்றும் உயிர்ச்சத்துக்கள் பல்வேறு நோய்களை வரவிடாமல் தடுப்பதுடன் ஆரோக்கிய வாழ்விற்கும் உதவுகிறது.

சிறுதானிய உணவுகள் நீரிழிவு நோயாளிகளுக்கு மிகவும் நல்லது, இவற்றை சமைப்பது எளிது, செரிமானம் மிகவும் சுலபம், எல்லா வயதினர்களுக்கும் உண்ண ஏற்றது. உடலுக்கு மிகவும் குளிர்ச்சி தரக்கூடியது, உல் எடையை குறைக்கும் குணம் கொண்டது, உடல் உறுப்புக்களைத் தூய்மைப்படுத்தும் தன்மை படைத்தது. உடல் பருமனைக் குறைக்க வல்லது. சிறுதானியங்களை சிறிதளவு சாப்பிட்டாலே வயிறு நிரம்பிவிடும், தண்ணீர் தட்டுப்பாடு பெருகி வரும் இந்நாட்களில் பாசன நீர் இல்லாமலே மானாவாரிப் பயிராக வளரும் ஆற்றல் கொண்டது. இதனால் இயற்கை வேளாண்மையில் இவை இன்றியமையாத இடத்தைப் பிடிக்கிறது.

எதிர்க்காலத்தில் ஆரோக்கிய உணவின் வரிசையில் சிறுதானியங்கள் சிறந்த இடத்தைப் பிடிக்கும் இந்திய அரசு 2018-ம் ஆண்டைத் தேசிய சிறுதானியங்கள் ஆண்டாக அறிவித்தது. அதைத்தொடர்ந்து நாடெங்கும் சிறுதானியங்களை பரவலாக்கும் முயற்சிகள் முன்னெடுக்கப்பட்டு வருகின்றன. உலக உணவு மற்றும் வேளாண் அமைப்பு ஊட்டச்சத்து பற்றாக்குறையைப் போக்க சிறுதானியங்கள் அவசியம் என வலியுறுத்திவருகிறது. ஒரு காலத்தில் உணவு என்றாலே சிறுதானியங்கள்தான் என்றிருந்தது. ஆனால் பசுமைப் புரட்சிக்கு பிறகு நெல் மற்றும் கோதுமைக்கு மட்டுமே முக்கியத்துவம் தரப்பட்டது. இதனால் கொஞ்சம் கொஞ்சமாக சிறுதானியங்களை நாம் இழக்க நேரிட்டது. நமது நாட்டின் சிறுதானிய கொள்கைப் படி அனைத்து பகுதிகளிலும் சிறுதானிய உற்பத்தியை பெருக்க நடவடிக்கை எடுக்கப்பட்டு வருகிறது.

●●●

11. விதை உற்பத்தி நுட்பம்

விதை... விவசாயிகளின் உலகமே விதைதான். விவசாயியின் உணவு, தொழில், வாழ்வு அனைத்துமே விதையைச் சார்ந்தே உள்ளது. விதை என்பது விவசாயிக்கு இயற்கை தந்த வரம்.

ஆரம்ப காலத்தில் தண்டுகளாலும் கிழங்குகளாலும் உற்பத்தி செய்யப்பட்ட மரம், செடி, கொடி வகைகள் நாளடைவில் பூக்களை உண்டாக்கி காய்களைக் கருத்தரித்து விதைகளைப் பெற்றெடுத்து தன் இன வழியைக் காத்தன. இந்த விதைகள் இயற்கையின் நியதியில் உடனே அழிந்து விடும் தன்மையற்று நீண்ட நாள் உயிர் வாழ்ந்து தேவையான சூழ்நிலை உருவாக்கும் போது முளைக்கும் திறனைப் பெற்றிருந்தன.

ஒரு விதையிலிருந்து பல செடிகளை உருவாக்க கற்றுக் கொண்ட மனிதன் தன் தேவைக்காக விதையிலிருந்து அதிக விளைச்சல் பெறுவது எவ்வாறு என சிந்திக்கத் தொடங்கினான். விதைகளைப் பெறுவதற்குச் செடிகளைத் தேர்ந்தெடுத்தான். தேர்ந்தெடுத்த செடியிலிருந்து அதிக மகசூல் பெறுவதற்காக தரமான விதைகளைத் தேர்ந்தெடுத்தான்.

விதைத்தேர்வு

சமீபகாலம் வரை விதை தேர்வு, விதை சேமிப்பு, விதை நேர்த்தி போன்ற வேலைகள் அனைத்தையும் விவசாயிகளே செய்தார்கள். பல வகையான பயிர் ரகங்கள் புழக்கத்தில் இருந்தாலும் விவசாயிகள் நல்ல குணங்கள் கொண்ட விதைகளை மட்டுமே தேர்ந்தெடுத்து சேமித்து உபயோகித்தார்கள். அத்தகைய விதைகள் நீண்ட காலமாக அந்த நிலத்தின் சூழ்நிலைக்கு ஒத்து வளர்ந்து நிலைத்தவையாகக் காணப்பட்டது. இதனால் ஒவ்வொரு பயிரின் குணங்களையும் அவற்றின் உபயோக முறைகளையும் விவசாயிகள் நன்கு அறிந்து இருந்தார்கள்.

ஆரம்ப காலத்தில் விவசாயம் அல்லது உணவு உற்பத்திக்கு இயற்கையில் தோன்றி வளர்ந்த காட்டுவகை தாவரங்கள் தான் ஆதாரமாக இருந்தன. இயற்கையில் வளர்ந்த தாவரங்களைக் கவனித்து அவற்றின் விதைகளைச் சேகரித்து இன்றைய பழக்கப்பட்ட உணவுப் பயிர்களை நம் முன்னோர்கள் உருவாக்கினார்கள். இவற்றில் பெரும்பாலானவை நேரிடையாக தேர்ந்தெடுக்கப்பட்டு பயிராக மாறியவை. சில நீண்ட காலம் களையாக இருந்து பயிர்களாக மாறியவை. இவ்விதம் பாரம்பரிய விதைகள் கண்டறியப்பட்டன.

பயிர் மேம்பாடு

இயற்கையில் வளரும் லட்சக்கணக்கான செடி கொடி மரங்களில் ஒருசிலவற்றைத்தான் மனிதன் தனக்குத் தேவையான உணவு, உடை, உறைவிடம் ஆகியவற்றிற்காக

இனம் கண்டு கொண்டான். அன்று ஆதி மனிதன் ஆரம்பித்து வைத்த பயிர் மேம்பாடு தொடர்ந்து செயல்பட்டு வந்தது. புல்லரிசி நெல்லரிசி ஆயிற்று. பேய்க்கரும்பு இனிக்கும் கரும்பு ஆயிற்று. மரவுறி பருத்தி ஆடையாக மாறியது.

இயற்கையில் உள்ள தாவர வகைகளில் விவசாயத்திற்கு உகந்தவை இரண்டு லட்சம் என்று கணிக்கப்படுகிறது. இன்று வரை ஐந்து ஆயிரத்திற்கும் மேற்பட்ட தாவரங்கள் உபயோகத்திற்கு வந்துள்ளன. 1500 தாவர வகைகள் வியாபார நோக்கத்துடன் பயிரிடப்படுகின்றன. 250 வகைகள் பொருளாதார முக்கியத்துவம் வாய்ந்தவை. இவ்வாறு பயனுள்ள தாவரங்களைக் கண்டறியும் வேலையை பல ஆயிரம் ஆண்டுகளாக உலகின் பல்வேறு பகுதிகளில் விவசாயிகள் செய்து வந்தார்கள்.

பழங்கால மனிதரின் உணவில் ஆயிரத்திற்கும் மேற்பட்ட தாவர வகைகள் இடம் பெற்றிருந்தன. 500க்கும் மேற்பட்ட காய்கறி வகைகள் உபயோகிக்கப்பட்டன. ஆனால் இன்று பெரும்பாலானவர்கள் உணவில் 30 தாவர வகைகள் மட்டுமே இடம் பெறுகின்றன. நம் நாட்டில் பசுமைப்புரட்சி புகுத்தப்பட்டதன் விளைவாக பல்லுயிர்த்தன்மை அதிகம் கொண்ட காடுகள் அழிக்கப்பட்டு ஓரினப் பயிர்கள் நுழைக்கப்பட்டன.

ஒட்டு இரகங்கள்

பின்னர் புதிய ஒட்டு இரகங்கள் புகுத்தப்பட்டன. இதனால் முன்பு குறிப்பிட்ட பருவம், மண்தன்மை, தட்ப வெப்பநிலை போன்ற இயற்கை சூழ்நிலைக்கு ஏற்ப இருந்த பயிர் முறைகளும் பயிர் ரகங்களும் சிறிது சிறிதாக அழிந்து விட்டன பல ஆயிரம் ஆண்டுகளாக விவசாயிகள் பயிர் செய்து கவனித்து தேர்வு செய்து உருவாக்கிய ரகங்கள் இன்று தேசிய மற்றும் அகில உலக கருப்பொருள் வங்கிகளிலும் விதை உற்பத்தி செய்யும் பன்னாட்டு நிறுவனங்களிலும் தான் உள்ளது. ஒட்டு ரகங்களை விஞ்ஞானிகள் ஆய்வு செய்து உருவாக்கியதால் அதன் வடிவுரிமை அவர்களுக்கே சொந்தம் என்ற நிலை பழக்கத்திலுள்ளது.

நீடித்த இயற்கையோடு இசைந்த வெளிச்சார்பு குறைந்த விவசாயத்தில் பல்லுயிர்த்தன்மை ஒரு முக்கியமான அங்கமாகும். அதிலும் முக்கியமாக பல குணங்களைக் கொண்ட விதை ஆதாரங்கள் மிகவும் முக்கியம். ஆனால் இன்றைய விவசாயிகள் அனைவரும் தங்கள் முயற்சியாலும் உழைப்பாலும் உருவாக்கிய அற்புதமான இயற்கை ஆதாரத்தை இழந்து பிற நிறுவனங்களை நம்பி இருக்கும் நிலைக்கு ஆளாகி உள்ளனர். விதை உற்பத்தியை விவசாயிகள் செய்ய முடியாததால் அவர்களது வெளிச்சார்பு கூடுதலாகிறது. இதைப் பயன்படுத்தி விதை உற்பத்தி

நிறுவனங்கள் அடையும் கொள்ளை லாபம் கோடிக்கணக்கில் உள்ளது. இந்நிலையில் பாரம்பரிய விதைகளைப் பாதுகாப்பதோடு பாதுகாக்கப்பட்ட பாரம்பரிய விதைகளை பழக்கத்தில் கொண்டு வந்து பரவலாக்குவது முக்கியமாகும்.

விதை உற்பத்தி

விதை ஒரு உயிருள்ள பொருள். இது தானியத்திலிருந்து முற்றிலும் மாறுபட்டது. பாரம்பரிய பண்புகளில் சிறிதும் மாறுபடாமலும் வேறு இன விதைகள் மற்ற பயிர் விதைகள் மற்றும் களை விதைகள் கலக்காமலும் கல்., மண், தூசி ஆகியவைகள் அகற்றப்பட்டு உரிய ஈரப்பதமும் நல்ல முளைப்புத்திறனும் உள்ள விதைகளைத்தான் தரமான விதைகள் என நாம் கூறமுடியும். விதைகள் ஆரோக்கியமாக வளர்ந்த தாவரங்களிலிருந்து சேகரிக்கப்பட வேண்டும். இளம் மரங்களிலிருந்தும் மிக வயதான மரங்களிலிருந்தும் சேகரிக்கக்கூடாது. விதைகளைத் தேர்வு செய்யும் போது முற்றிய விதைகளையும் பூச்சி அரிக்காத விதைகளையும் தோட்டுடன் சேகரிக்க வேண்டும். விதைகள் சேகரிக்கும் போது விதைகளின் பெயர், இடம், நாள், எடை போன்ற விபரங்களைக் குறிப்பிட வேண்டும்.

தரமான விதைகள்

விதைகளின் தரம் அவற்றின் அளவையும் எடையையும் பொறுத்தது. சாதாரணமாக முழு விதைகள் முளைப்புத்திறன்

அதிகமுடையவை. குறையுள்ள விதைகள் பலவீனமான ஆரோக்கியமற்ற செடிகளைத்தரும். விதைகளை நீரில் அமிழ்த்தினால் அமிழும் விதைகள் நல்லவை. மிதக்கும் விதைகள் மோசமானவை. விதைகளை அவற்றின் முளைப்புத் திறன் இருக்கும் காலத்திலேயே விதைக்க வேண்டும். நீண்ட காலத்திற்குப் பின் விதைத்தால் முளைப்புத் திறன் குன்றிப் போக வாய்ப்புண்டு.

நாம் விதை உற்பத்திக்கென பயிரிட்டுள்ள பயிரில் நாம் எதிர் பார்க்கும் விதை உருவாகும் பணி முடிந்த நிலையில் அறுபடை செய்யும் போது முளைப்புத் திறன் நன்றாக இருக்கும். விதையினை பொதுவாக அறுவடையான பயிரிலிருந்து மிகவும் கவனமாகப் பிரித்து எடுக்க வேண்டும். அப்போது விதையின் ஈரப்பதம் நிர்ணயிக்கப்பட்ட அளவு ஈரப்பதத்தினை விட அதிகமாகவே இருக்கும்.

ஈரப்பதம் அதிகம் உள்ள இடங்களில் சுவாசிப்பு அதிகமாக இருப்பதால் முளைப்புத் திறனில் பாதிப்பு ஏற்படும். எனவே பயிருக்கு ஏற்ப ஈரப்பதம் பராமரிக்கப்பட வேண்டியது அவசியமானதாகும். சாதாரணமாக நெல்லிற்கு 13 சதவீதமும், சிறு தானியத்திற்கு 12 சதவீதமும், பயறு வகைகளுக்கு 9 சதவீதமும், காய்கறி விதைகளுக்கு 8 சதவீதமும் ஈரப்பதம் இருக்க வேண்டும். இவ்வாறு இருக்கும் பட்சத்தில் பூச்சி பூஞ்சாண நோய்களின் தாக்குதலிலிருந்து விதைகளை அதிக நாள் பாதுகாத்துக்கொள்ளலாம்.

முளைப்புத் திறன்

விதையினை படிப்படியாக உலர வைத்து சேமிக்க வேண்டும், ஆரம்ப ஈரப்பதத்தை கடும் வெயிலில் இட்டு உடனே குறைப்பதால் விதைகள் சூடு ஏறி முளைக்கும் திறன் பெரிதும் பாதிக்கும். எனவே விதைகளைப் பரவலாகப் பரப்பி படிப்படியாக இளம் வெயிலில் காய வைக்க வேண்டும். நண்பகல் 12 மணி முதல் 2 மணிவரையிலான வெப்பக் கதிர்கள் விதைகளின் உட்பகுதியில் மயிரிழை வெடிப்புகளை ஏற்படுத்தும். எனவே இளம் வெயிலில் காய வைப்பதே சாலச் சிறந்ததாகும். விதைகளில் நிர்ணயிக்கப்பட்ட ஈரப்பதம் இருக்கும் நிலையில் விதைகளை நன்கு சுத்தம் செய்ய வேண்டும். இவ்வாறாக காய்ந்து சுத்திகரிப்பு செய்த விதைகளை விதை நேர்த்தி செய்து சேமிப்பது நல்ல பலனைத் தரும்.

விதைகளை நேர்த்தி செய்வதற்கு அவற்றின் தன்மைக்கேற்ப சாம்பல், வேம்பு இலை, நொச்சி இலை, சீதா இலை, வேப்பெண்ணெய் போன்ற பொருட்களைப் பயன்படுத்தலாம். இவை விதைகளைப் பூச்சிகளிடமிருந்து நீண்ட நாட்கள் பாதுகாப்பதற்கு பயனுள்ளதாக இருக்கும். இவ்வாறு பக்குவமாக உலர்த்தி சுத்தப்படுத்தி விதை நேர்த்தி செய்த விதைகளை அவற்றின் நிலை மாறுபடாமல் பேணத்தக்க முறையில் அடையாளம் செய்து பராமரித்தல் வேண்டும்.

முதலில் விதைகளின் முளைப்புத்திறனை அறிந்து கொள்வதற்கு 100 விதைகளைத் தேர்ந்தெடுத்து அதன் பெயர், சேகரித்த இடம், சேகரித்த நாள், விதைத்த நாள், அறுவடை நாள் ஆகியவைகளைக் குறித்துக்கொண்டு விதைகளை முளைக்க விட்டு முளைப்புத்திறனை கண்காணிக்க வேண்டும். மேலும் முளைப்புத் திறன் எண்ணிக்கை ஆகியவற்றை உற்று நோக்கி ஒரு படிவத்தில் பதிவு செய்துகொள்ள வேண்டும். இவ்விதம் முளைப்புத் திறன் சதவீதத்தைக் கணக்கிடலாம்.

விதை சேமிப்பு வங்கி

விதை வங்கி (Seed Bank) என்பது பல்வேறு பயிர்களில் உற்பத்தி செய்யப்படும் விதைகளை ஒரு இடத்தில் சேர்த்து வைத்துக் கொண்டு தேவைக்கேற்ப பகிர்ந்தளிப்பது ஆகும். இயற்கை சீற்றங்கள் ஏற்பட்டு விதை கிடைக்காத போது விதை வங்கியிலிருந்து தேவையான விதைகளை வினியோகம் செய்யலாம். அதே போன்று நாட்டில் எங்கெல்லாம் விதை அவசரமாகத் தேவைப்படுகிறதோ அங்கெல்லாம் விதை வங்கியிலிருந்து விதைகளை எடுத்து அனுப்பி வைக்கலாம். ஒரு கிராமத்திலுள்ள பாரம்பரிய விதைகளை பாதுகாப்பதற்கும் விதை வங்கி பயன்படுகிறது. கிராமத்திலுள்ள விவசாயிகள் ஒன்று சேர்ந்து விதை வங்கியை நிர்வகிக்கலாம்.

●●●

12. மரபணு மாற்றுப் பயிர்கள்

இயற்கையிலிருந்து நாம் எவ்வளவோ விலகி வந்து விட்டாலும் சுவாசிப்பது, சாப்பிடுவது, தண்ணீர் குடிப்பது போன்ற பல்வேறு அத்தியாவசிய விஷயங்களுக்கு இயற்கையைச் சார்ந்து இருந்தாக வேண்டும். அதையும் நவீன முறையில் மாற்ற முயற்சித்தால் அதன் பின் விளைவுகளைச் சந்தித்தாக வேண்டும். இப்படிப்பட்ட ஒரு பயங்கரமான விளையாட்டு, உணவுப் பயிர்கள் விசயத்தில் அரங்கேறிவருகிறது. அதுதான் பயிர்களில் மரபணுமாற்றம் செய்வது. இப்படி மாற்றப்பட்ட பயிர்களை மரபணு மாற்றப் பட்ட பயிர்கள் (Genetically Modified Crops) என்றும் மாற்றம் செய்யப்படும் முறையை மரபணு மாற்றுத் தொழில் நுட்பம் (Genetic Engineering) என்றும் அழைக்கிறார்கள்.

மனிதன், விலங்குகள், தாவரங்கள் என அனைத்து உயிரினங்களின் உடலையும் அறிவையும் தீர்மானிப்பவை 'ஜீன்' (Gene) என்று ஆங்கிலத்தில் அழைக்கப்படும் மரபணுக்கள் தான். அம்மா, அப்பா, தாத்தா, பாட்டி போன்றோரின் முகத்தோற்றத்தையும் உடல் அமைப்பையும் ஏன் அவர்களது குணநலன்களையும் கூட மரபணுக்கள் தான் நமக்கு கடத்துகின்றன. இந்த மரபணுக்கள் தான் ஒரு மனிதனையும், விலங்கையும், தாவரத்தையும் வேறுபடுத்தவும்

செய்கின்றன. இயற்கையில் ஒரு இயல்பு கொண்ட இரண்டு உயிரினங்கள் தங்களுக்குள் இணை சேர்ந்து தங்கள் சந்ததிகளை உருவாக்குகின்றன. நவீன வேளாண் முறைகள் வந்தவுடன் உயிரினத்தின் உள்ளினங்களை செயற்கையாக இணை சேர வைத்து 'கலப்பினங்கள்' (Hybrid) உருவாக்கப்பட்டன. இதனால் நேரடி பின் விளைவுகள் ஏற்படவில்லை.

ஆனால் மரபணுமாற்றப்பட்ட பயிர்களில் தற்போது சம்பந்தமில்லாத இரண்டு உயிரினங்களைக் கலப்பதுதான் பெரிதாக நடக்கிறது. இது எந்த வகையிலும் இயற்கையில் நடக்க சாத்தியமற்ற ஒன்றாகும். அதாவது ஒரு உயிரினம் அல்லது தாவரத்தில் உள்ள ஏதோ ஒரு பண்பை 'மரபணுகத்தரி' மூலம் கத்தரித்து மற்றொரு தாவரத்தில் பிணைத்து விடுகிறார்கள். இப்படி உருவானதுதான் பி.டி.கத்தரி, குதிக்கும் தவளைத்தக்காளி போன்றவை. மேலும் குளிர்காலத்தில் கெட்டுப்போகாமல் இருக்க மீனின் மரபணுவை தக்காளியில் திணித்து சோதனை நடக்கிறது. உருளைக்கிழங்கில் பளபளப்பை ஏற்ற மின்மினிப் பூச்சியின் மரபணுவைப் புகுத்த முயற்சிக்கிறார்கள். இதற்கெல்லாம் பலபடிகள் மேலே போய் பன்றியின் மரபணுவை அரிசியிலும் பீன்ஸிலும் சேர்க்க ஜப்பானில் பரிசோதனைகள் நடந்து வருகின்றன.

இதில் சைவ உணவில் அசைவ உணவு மரபணுவை கலந்து விடுகிறார்கள் என்பதல்ல பிரச்சினை. இப்படிப்பட்ட ஆபத்தான முயற்சி அதை உண்பவர் மத்தியில் எந்த வகையான பின் விளைவுகளை ஏற்படுத்தும் என்பது தான் முக்கிய பிரச்சினை. இவற்றால் ஒவ்வாமை முதல் உயிரிழப்பு வரை எதுவும் ஏற்பட வாய்ப்பு உண்டு. ஆஸ்துமா முதல் மலட்டுத் தன்மை வரை பல்வேறு நோய்கள் தோன்றவும் சாத்தியங்கள் உண்டு என்று பல்வேறு இடங்களில் இப்பயிர்களில் நடத்தப்பட்ட சோதனை முடிவுகள் நம்மை எச்சரிக்கின்றன.

மலட்டு விதைகள்

பொதுவாக வீரிய ஒட்டு விதைகளை ஒருமுறை தான் பயிரிட முடியும். அதைப்போலவே ஒவ்வொரு முறையும் விதைகளின் மரபணுக்களில் நச்சுப் பொருளை உற்பத்தி செய்து விதையின் கருவைச் சிதைத்து ஒருமுறைக்கு மேல் விதை உபயோகப்படுத்த இயலாத வகையில் மாற்றங்களை உண்டு பண்ணும் தொழில் நுட்பமே டெர்மினேட்டர் மரபணு தொழில் நுட்பமாகும்.

இந்த மரபணு மாற்றுத் தொழில் நுட்பத்தினை மிகச் சரியாக டெர்மினேட்டர் (Terminator) அதாவது பயிரின் வாழ்க்கைச் சக்கரத்தை ஒரு முறைக்கு மேல் சுழல விடாமல் தடுத்து நிறுத்தும் தொழில் நுட்பம் என்று பல நாடுகள் வருணித்துள்ளன. இந்த டெர்மினேட்டர் மரபணுத் தொழில் நுட்பமானது 1998-ல் அமெரிக்காவில் மரபணு

வெளிப்பாட்டைக் கட்டுப்படுத்தும் தொழில் நுட்பமாக அங்கீகரிக்கப்பட்டுள்ளது. பின்னர் பன்னாட்டு விதை உற்பத்தி நிறுவனமான மான்சாண்டோவுக்கு விதை உற்பத்தி உரிமமும் விற்பனை அங்கீகாரமும் வழங்கப்பட்டுள்ளது.

டெர்மினேட்டர் தொழில் நுட்பத்தின் மூலம் விதையை மலடாக்கும் நஞ்சானது விற்கப்படும் போதே விதைக்குள் செலுத்தப்படுகிறது. அது தக்க தருணத்தில் வெளிப்பட்டு விதைக்கருவை அழிக்கின்றது. அங்ஙனம் மலடாக்கப்பட்ட விதைகள மறுமுறை முளைக்காது பொய்த்துப் போவதால் ஒவ்வொரு முறையும் விதை தேவைக்கு விதை உற்பத்தி செய்யும் நிறுவனங்களையே விவசாயிகள் நம்பி இருக்க வேண்டியுள்ளது.

அறுவடைக்குப் பின் விதைகளை விதை விற்பனையாளர்கள் நச்சுத்தன்மையுள்ள டெட்ராசைக்கிளின் (Tertracyclin) எனப்படும் ஒரு வேதிப் பொருட்களுடன் விதை நேர்த்தி செய்து தான் விற்பனை செய்கிறார்கள். இதுவும் இந்த மரபணு மாற்றத்திற்கு துணை புரிகின்றது.

டெர்மினேட்டர் மரபணுவால் கீழ்க்கண்ட தீமைகள் நேரிடுகிறது

- ❖ விதைகளை மறுமுறை உபயோகப்படுத்த இயலாது. எனவே விதைகளுக்கும் ஏனைய இடு பொருட்களுக்கும் அந்த உற்பத்தி நிறுவனங்களையே சார்ந்து இருக்க வேண்டிய கட்டாயம் ஏற்பட்டுள்ளது.

- டெர்மினேட்டர் மரபணு கொண்ட விதையால் உருவாகும் பயிரின் மலரிலிருந்து வரும் மகரந்தத்தூள் அதே பயிர்க் குடும்பத்தைச் சேர்ந்த பல பயிர்களையும் அயல் மகரந்தச் சேர்க்கை மூலம் பாதிக்கக் கூடும்.
- விதை முளைப்பதற்கு முன்பே விதையுடன் சேர்க்கப்படும் டெட்ரா சைக்களின் என்னும் வேதிப் பொருள் மண்ணில் வாழும் நுண்ணுயிரிகளை அழிக்கக் கூடும்.
- மரபணு மாற்றம் செய்யப்பட்ட மலட்டு விதைகளினால் உற்பத்தி செய்யப்பட்ட உணவுப் பொருட்களை சாப்பிடும் மனிதர்களுக்கும் மலட்டுத் தன்மை ஏற்படும் வாய்ப்புகள் உண்டு.
- இதுவரை பாரம்பரியமாக நமது விவசாய மக்கள் அனுபவித்து வந்த விதை உரிமைகளை வடிவுரிமை (Pattent right) என்ற பெயரில் தனியார் கம்பெனிகள் பெறுவதால் நமது விவசாயிகள் உருவாக்கிய விதைகளை பயன்படுத்தவும் காக்கவும் பரிமாற்றம் செய்து கொள்ளவும் விற்கவுமான உரிமைகளை இழப்பர்.

•••

13. இன்றியமையாத இயற்கை எருக்கள்

இயற்கை எருவில் பயிர் வளர்ச்சிக்குத் தேவையான எல்லா ஊட்டச் சத்துக்களும் குறைந்த அளவில் உள்ளன. இயற்கை எருக்கள் மண்ணின் கட்டமைப்பை மேம்படுத்தி மண்ணின் காற்றோட்டம், வெப்பநிலை, ஈரம் காக்கும் தன்மை போன்ற பௌதிகக் குணங்களை சீரமைப்பதோடு மண்ணில் உள்ள நுண்ணுயிர்களையும் மண்புழுக்களையும் பெருக்கமடையச் செய்கின்றன. மண்ணில் இடும் உரச்சத்துக்கள் பயிருக்கு தொடர்ந்து கிடைத்திட இயற்கை எருக்கள் மிகவும் அவசியம்.

முக்கிய பயன்கள்

- ❖ பயிர்களின் வளர்ச்சிக்குத் தேவையான அனைத்து உரச்சத்துக்களையும் அளிக்கிறது.
- ❖ மண்ணில் கரிம மற்றும் தழைச்சத்து (CN Ratio) விகிதத்தை சீராக நிலை நிறுத்துகிறது.
- ❖ மண்ணின் வளத்தையும் உற்பத்தி திறனையும் அதிகரிக்கின்றது.
- ❖ மண்ணின் இயற்பியல், வேதியல், உயிரியல் தன்மைகளை மேம்படுத்துகின்றது.

- மண்ணின் கார அமிலத்தன்மை மாறுபாடுகளைத் தவிர்க்கின்றது.
- மண்ணில் வாழும் நுண்ணுயிர்களுக்கு உணவாகப் பயன்படுகிறது.
- மண்ணின் நீர் பிடிப்புத் தன்மையை அதிகப்படுத்துகின்றது.
- மண்ணின் இறுக்கத்தைக் குறைத்து தேவையான காற்றோட்டம கிடைக்கச் செய்கிறது.
- மண்ணில் வேர்கள் நன்றாக ஊடுருவுவதன் மூலம் மண்ணிலுள்ள ஊட்டச்சத்துக்கள் நிலத்தை விட்டு கரைந்து செல்லா வண்ணம் தடுக்கின்றது.
- இயற்கை எருவில் விளையும் பொருட்கள் இரசாயன கலப்பில்லாமல் இருக்கிறது.
- மண்ணில் நுண்ணுயிர்கள் பெருகி மண்ணின் ஆழத்தில் உள்ள சத்துக்கள் பயிருக்கு கிடைக்கும் படி செய்கின்றது.
- இடு பொருட்களின் செலவை கணிசமாகக் குறைக்கின்றது.

இயற்கை உர ஆதாரங்கள்

- எருக்குழியிலுள்ள தொழு உரம்
- பயிர்க்கழிவுகள் மற்றும் அனைத்து வகைகளைச் செடிகள்.

- மனித கழிவுகளான மலம், சிறுநீர் மற்றும் சாக்கடை கழிவுகள்
- வேளாண்மை சார்ந்த தொழிற்சாலை கழிவுகள்
- பிண்ணாக்கு வகைகள் மற்றும் மரத்தூள் பொடிகள்
- கால்நடைக் கழிவுகள், சாணம், கோமியம்
- வீட்டுக் கழிவுகள் மற்றும் குப்பைகள்
- கடல் வாழ் தாவரங்கள், மீன் கழிவுகள்
- ஏரி, குட்டைகளிலுள்ள மண்படிவுகள்
- கம்போஸ்ட் உரங்கள், ஊட்ட மேற்றிய தொழு உரம்
- மண்புழு உரம், சாண எரிவாயு உரம்
- கிராமப்புற மக்கும் குப்பைகள்
- நகர்ப்புற மக்கும் குப்பை கூளங்கள்
- உயிர் உரம், நீலபச்சை பாசி, அசோலா
- பசுந்தாள் மற்றும் பசுந்தழை உரங்கள்

பசுந்தழை உரங்கள்

தழை உரம் நிலத்திற்கு பொல பொலப்புத் தன்மையை உண்டாக்கி நிலத்தில் காற்றோட்டம் ஏற்படவும் நீர் பிடிப்புத் தன்மையை அதிகரிக்கவும் உதவுகின்றது. நிலத்திலுள்ள நுண்ணுயிர்கள் நிலத்தில் கரையாத நிலையிலுள்ள தாவர உணவுகளை கரையும் பொருளாக மாற்றுகின்றன. இத்தகைய நுண்ணுயிர்கள் நிலத்தில் அதிகரிக்கவும்

அவற்றின் செயல்திறனை அதிகரிக்கவும் தழை உரம் உதவுகின்றது.

ஒவ்வொரு முறை சாகுபடி செய்யும் போதும் நிலத்திலிருந்து அப்பயிர் எடுத்துக் கொண்ட சத்துணவை நாம் கம்போஸ்ட் அல்லது தழை உரம் வடிவில் மீண்டும் நிலத்தில் சேர்க்க வேண்டும். அப்போதுதான் நிலத்தின் இயற்கையான வளத்தன்மையை கெடாமல் பாதுகாக்க முடியும்.

பசுந்தழை உரங்களை இரண்டு வகையாகக் கொள்ளலாம். அவை வளரும் போதே நிலத்திற்கு உரத்தன்மையை ஊட்டுபவை மற்றும் நிலத்தில் இலைதழைகளைப் போட்டு உழுவதன் மூலம் நிலத்திற்கு உரத்தன்மை ஊட்டுபவை. நெல்வயல்களில் பொதுவாக பசுந்தழைகளை வெட்டி சேற்றில் இட்டு மிதிக்கும் பழக்கம் பரவலாக உள்ளது. தென்னந் தோப்புகளில் சில பயறு இனப்பயிர்களை சாகுபடி செய்து நிலத்தில் மடக்கி உழுவதன் மூலம் விரைவாக மக்கும் தன்மையைப் பெறுகின்றது.

இம்முறையில் தாவரங்களுக்குத் தேவையான உணவுப் பொருட்கள் தாவரங்கள் மூலமாகவே மண்ணுக்குக் கொடுக்கப்படுகின்றது. பசுந்தாள் உரப்பயிர்கள் காற்றில் உள்ள உரச்சத்தை ஈர்த்து வேர்ப்பகுதியில் வேர் முடிச்சுகளாக சேர்க்கின்றன. பசுந்தாள் உரப் பயிர்களை அவை பூக்கும் போதே மடக்கி உழ வேண்டும்.

மூடு பயிர்களும் மண்வளத்தை மேம்படுத்த உதவுகின்றன. மூடுபயிர்கள் என்பது மண்ணை மூடி அதன் வளத்தைப் பாதுகாப்பதற்காக வளர்க்கப்படும் பயிர்களாகும்.

பெரும்பாலும் ரப்பர் தோட்டங்களில் மூடுபயிர்கள் வளர்ப்பதைப் பார்க்கலாம். அதிக அளவிலான மூடுபயிர்கள் அவரை குடும்ப வகையைச் சார்ந்ததாக உள்ளன.

பசுந்தாள் உரங்களின் பயன்கள்

- ❖ மண் துகள்களுக்கிடையே காற்றோட்டம் ஏற்படச் செய்கிறது.
- ❖ காற்றிலிருந்து தழைச்சத்தை எடுத்து நிலத்திற்கு அளிக்கிறது.
- ❖ மண்ணில் நுண்ணுயிர்கள் அதிகரிக்கக் காரணமாக உள்ளது.
- ❖ களிமண் நிலத்தில் மண்ணின் இறுக்கத்தைக் குறைக்கிறது.
- ❖ மணற்பாங்கான நிலங்களில் நீர் பிடிப்புத் தன்மையை ஏற்படுத்துகிறது.
- ❖ பயிர்களுக்கு இடையே இதனைப் பயிர் செய்வதால் மண் அரிப்பைத் தடுக்கிறது. களைகள் கட்டுப்படுத்தப்படுகிறது.
- ❖ மண்ணின் கீழ்ப்பகுதியிலுள்ள பயிர் உணவுகள் இவற்றால் எடுக்கப்பட்டு பின் பயிர்களுக்குப் பயன்படுத்தப்படுகின்றன.
- ❖ பயறு இனப்பயிர்கள் காற்றிலிருந்து நைட்ரஜனை எடுத்து ஏக்கருக்கு 10 கிலோ தழைச்சத்தைக் கொடுக்கிறது.
- ❖ இலைமக்கும் பொழுது கரையாத நிலையிலுள்ள மணிச்சத்து, சுண்ணாம்புச் சத்து, நுண்ணூட்டச் சத்து ஆகியவற்றைக் கரைத்து பயிருக்குக் கொடுக்கிறது.

❖ இவை நுண்ணுயிர்களை ஊக்கப்படுத்துவதால் பயிர்களுக்கு அதிக அளவில் உரச்சத்து கிடைக்கிறது.

உயிரியல் உரங்கள்

நன்மை பயக்கும் நுண்ணுயிர்கள் மண் மற்றும் பயிர்களுக்கு ஊட்டச்சத்தை அளிக்கவல்லது. மண்ணின் தன்மை மேம்படவும் பயிர்கள் நன்கு வளரவும் குறைந்த செலவில் நுண்ணுயிர் உரங்களை வாங்கி பயன்படுத்திக் கொள்ளலாம். மூன்றுவகையான நுண்ணுயிர்கள் பல்வேறு முறைகளில் பயிர்சத்துக்களைப் பயிருக்குக் கிடைக்கும் வண்ணம் செயல்பட்டு பலன் அளிக்கின்றன.

நுண்ணுயிர் உரங்கள்

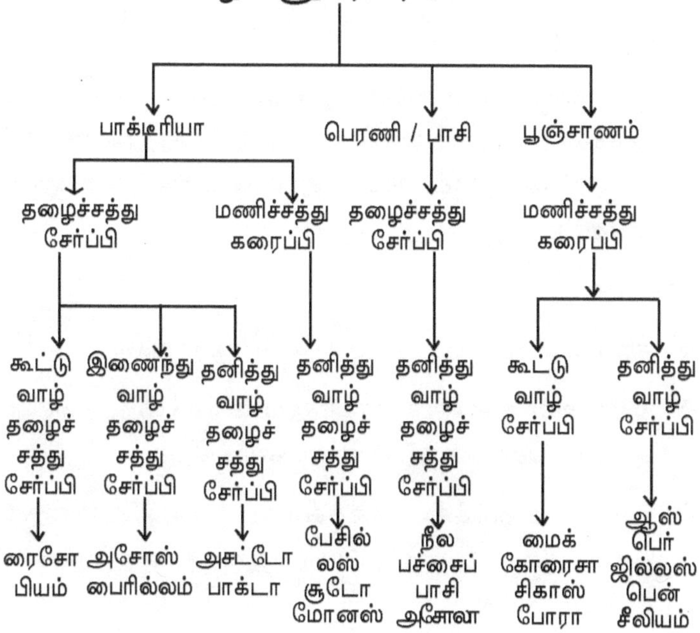

பாக்டீரியா

காற்றில் உள்ள தழைச்சத்தைப் பல்வேறு முறைகளில் நிலைநிறுத்தி பயிர்களுக்கு எளிதில் கிடைக்கும் வண்ணம் செய்கிறது. மேலும் சில வகைகள் மண்ணில் உள்ள மணிச்சத்தைக் கரையும் தன்மை கொண்டதாக மாற்றி எளிதாக தாவரங்கள் எடுத்துக்கொள்ள உதவி புரிகின்றன.

வெரணி / பாசி

காற்றிலுள்ள தழைச்சத்தை நிலை நிறுத்தி, பயிருக்குக் கிடைக்கச் செய்வதோடு சிறந்த தழை உரத்தையும் நிலத்திற்குக் கொடுக்கிறது. அசோலா சிறந்த கால்நடைத் தீவனமாகவும் பயன்படுகிறது.

பூஞ்சாணம்

பூஞ்சாண வகைகள் நிலத்திலுள்ள கரையாத மணிச்சத்தை கரையும் மணிச்சத்தாக பல்வேறு வகைகளில் மாற்றி பயிர்களுக்குக் கொடுத்து உதவுகிறது. மண்ணுக்கு வாசனையைத் தருகிறது.

பயன்கள்

- காற்றிலுள்ள தழைச்சத்தை நிலை நிறுத்துகிறது.
- மண்ணில் உள்ள கரையாத மணிச்சத்தை கரையும் தன்மை கொண்டதாக மாற்றியமைக்கிறது.
- பயிர் வளர்ச்சி ஊக்கிகள், வைட்டமின்கள் போன்றவைகளைத் தயாரிப்பதால் தாவர வளர்ச்சி அதிகமாகின்றது.

- ஓரளவிற்கு மண்ணினால் தோன்றும் நோய்களைக் கட்டுப்படுத்துகிறது அல்லது மட்டுப்படுத்துகிறது.
- மண்ணிலுள்ள நன்மை செய்யக்கூடிய நுண்ணுயிர்களின் வளர்ச்சிக்கு உதவுகிறது.
- மண்ணின் தன்மையை மேம்படுத்துகிறது.
- தாவர வளர்ச்சியின் தரத்தை மேம்படுத்துகிறது.
- அறுவடைக்குப்பின் தரமான சத்துமிக்க உணவு கால்நடைகளுக்கு கிடைக்கிறது.
- விவசாயிகளுக்கு எளிமையானது மற்றும் சிக்கனமானது.
- சுற்றுப்புற சூழலுக்குச் சற்றும் தீங்கிழைக்காது.
- இயற்கைச் சூழலை மாசுபடுத்தும் தன்மையில்லாதது.
- மனிதருக்கோ, விலங்குகளுக்கோ எவ்விதத்திலும் தீமை பயக்காது.
- பயிரின் மகசூலை 10 முதல் 20 சதவீதம் உயர்த்தவல்லது.

உபயோகப்படுத்தும் முறைகள்

1. விதையுடன் கலத்தல்

ஒரு ஏக்கருக்குத் தேவையான சிபாரிசு செய்யப்பட்ட உயிர் உரத்தினை எடுத்துக்கொள்ள வேண்டும். ஒரு பாக்கெட் கலவைக்கு அரை லிட்டர் குளிர்ந்த அரிசிக்கஞ்சி என்ற அளவில் நன்கு கலக்கவும். இக்கலவையை விதைகளுடன் நன்கு கலந்து 30 நிமிடங்கள் நிழலில் உலர வைத்து 24 மணி நேரத்தில் விதைக்கலாம்.

2. நாற்றங்காலில் இடுதல்

ஒரு ஏக்கருக்குத் தேவையான நாற்றங்காலுக்கு சிபாரிசு செய்யப்பட்ட உயிர் உரப் பாக்கெட்டுகளை எடுத்துக்கொள்ளவும். பாக்கெட் ஒன்றுக்கு 5 கிலோ நன்கு மக்கிய தொழு உரம், 2½ கிலோ மணல் என்ற விகிதத்தில் நன்கு கலக்கவும். நாற்று விடுமுன் அல்லது விட்டபின் சீராகத் தூவி விடவும்.

3. நாற்று வேரை நனைத்து நடுதல்

இரண்டு உயிர் உரப் பொட்டலங்களுக்கு 15 லிட்டர் நீர் என்ற விகிதத்தில் கரைத்து நாற்றின் வேர் மற்றும் விதைக் கரணைகள் போன்றவற்றை 15 நிமிட நேரம் நனைத்து உடனடியாக நட்டு விடவும்.

4. நேரடியாக நடவு வயலில் இடுதல்

சிபாரிசு செய்யப்பட்ட உயிர் உரப் பாக்கெட்டுகளை எடுத்துக் கொள்ளவும். பாக்கெட்டு ஒன்றுக்கு 5 கிலோ மக்கிய தொழு உரம் 2 கிலோ மணல் என்ற விகிதத்தில் நன்றாகக் கலக்கவும். நடவிற்கு முன் அல்லது பின் சீராகத் தூவி விடவும்.

●●●

14. நீர் அறுவடை நுட்பம்

பயிரும் நீரும்

பயிர் வளர்வதற்கு தண்ணீர் மிகவும் முக்கியம் ஆகும். நீரும் நிலமும் சேர்ந்தே உணவை நமக்குத் தருகிறது. வளர்கின்ற பயிரில் 75 சதம் முதல் 90 சதம் வரை நீர் அடங்கி இருக்கும். நிலத்திலுள்ள சத்துக்களைக் கரைத்து செடிகளின் பல்வேறு பாகங்களுக்கும் எடுத்துச் செல்ல நீர் உதவி செய்கிறது. தாவரங்களின் திசுக்கள் மற்றும் பாகங்கள் விரைப்பாக இருக்க உதவி புரிகிறது. நீராவிப் போக்கிற்கு தேவையான நீரை ஈடு செய்கிறது. திசுக்களின் வெப்பநிலையை ஒழுங்கு படுத்துகிறது.

தண்ணீர் மூலமாகவே சத்துக்களை பயிர் எடுத்துக் கொள்கிறது. வேர்களினால் உறுஞ்சப்படும் நீரானது தண்டு வழியாக இலையை அடைந்து பயிர்களுக்குப் பயன்படுகிறது. மேலும் இலைத்துளைகள் மூலமாக ஆவியாகி காற்றோடு கலக்கிறது. இது நீராவிப் போக்கு எனப்படும். சூரிய ஒளியில் இச்செய்கை தொடர்ந்து நடைபெறும். இலைத்துளைகள் வழியாக காற்றிலுள்ள கரியமிலவாயு உட்புகுந்து ஒளிச்சேர்க்கை நடைபெற்று உணவுப் பொருளாக மாற்றப்படுகிறது.

மண்ணில் தண்ணீர் போதுமானதாக இல்லாத நிலையில் வேர்கள் உறுஞ்ச முடியாத அளவுக்கு நீர் குறைவாக இருக்கும் போது இலைத் துளைகள் மூடிக் கொண்டு

செடியில் இருந்து நீர் வெளியேறுவதைக் குறைக்கின்றது. இதனால் கரியமில வாயு உள்ளே செல்வதும் உணவுப் பொருள் தயாரிப்பும் பாதிக்கப்படும். தண்ணீர் பற்றாக்குறை பூக்கும் பருவத்தில் காணப்பட்டால் பயிரின் இலை உதிரும். தரம் குறையும். மகசூல் இழப்பு ஏற்படும். அதே போன்று தண்ணீர் அதிகமாக இருக்கும் போது வேர்கள் சுவாசிக்க முடியாமலும் பயிர்ச்சத்துக்களை எடுக்க முடியாமலும் போவதுடன் பயிர்கள் அழுகிடும் அபாயம் உள்ளது.

பாசன முறைகள்

1. பரவல் பாசனம் - Flood Irrigation
2. பாத்தி பாசனம் - Basin Irrigationm
3. அகழிப்பாசனம் - Trench Irrigation
4. நீளபாத்தி பாசனம் - Border Irrigation
5. சால் பாசனம் - Furrow Irrigation
6. தெளிப்பு நீர் பாசனம் - Sprinkler Irrigation
7. சொட்டு நீர் பாசனம் - Drip Irrigation
8. பானைப் பாசனம் - Pitcher Irrigation
9. உர நீர் பாசனம் - Ferti Irrigation

பயிர்களுக்கு ஏற்பவும் மண்ணின் தன்மைக்கு ஏற்பவும் பாசன முறைகளைக் கையாள வேண்டும். சரியான பாசன முறையில் நீர்ச் சிக்கனம் ஏற்படுவதோடு மகசூலும் பெருகும். விவசாய வளர்ச்சிக்கு உதவும் பல்வேறு இடு பொருட்களில்

தண்ணீரே முதன்மையானது. நீரும் நிலமும் சேர்ந்தால்தான் உணவு கிடைக்கும். மண் இல்லாமலே பயிர் வளர்க்க அறிவியல் உதவுகிறது. ஆனால் நீரில்லாமல் எதுவும் செய்ய முடியாது. பாசன நீருக்கு ஆதாரமாய் இருப்பது மழையாகும். நாம் வாழும் உலகின் பரப்பளவில் சுமார் முக்கால் பாகம் தண்ணீரால் ஆனது. இத்தண்ணீரில் 97 சதவீதம் உப்பு நீராகக் கடலில் உள்ளது. 2 சதவீதம் பனிக்கட்டியாக துருவங்களில் உறைந்து கிடக்கிறது. மீதமுள்ள ஒரு சதவீதம் தண்ணீரைத்தான் நாம் குடிநீராகவும் வேளாண்மை உற்பத்திக்கும் தொழில் வளர்ச்சிக்கும் பயன்படுத்துகிறோம்.

நீர் அறுவடை முறைகள்

நீர் அறுவடை என்பது மழைக்காலத்தில் ஓடி வீணாகும் நீரை அங்கேயே தேக்கி வைத்து அந்த நீரை பூமிக்கடியில் உள்ள நீருடன் சேமித்தல் ஆகும். இதனை நீண்ட நாட்களுக்கு நாம் பயன்படுத்திக் கொள்ளலாம். நிலத்தடி நீர்வளம் என்பது இவ்விதம் மண்ணுக்குள் சென்ற மழைநீரின் பகுதியே ஆகும். அதோடு விவசாய நிலங்களில் பாய்ச்சப்படும் நீரின் ஒரு பகுதியும் மண்ணிற்குள் செல்லும். இதற்கேற்ற வகையில் மண்தன்மை இருந்தால் தான் நிலத்தடி நீர் வளத்தை அதிகரிக்க இயலும்.

நிலத்தடி நீர்வளம் என்பது வற்றாத சுரங்கம் அல்ல. நீர் ஊறும் அளவிற்கு அதிகமாக இறைத்தால் நிலத்தடி நீர்மட்டம் குறையும். இப்போது நடைபெற்று வரும் இதுபோன்ற இறவையால் ஆண்டு தோறும் கிணறு வற்றிப் போவதுடன் மீண்டும் மீண்டும் ஆழமாக தோண்டிக்

கொண்டே இருக்க வேண்டிய நிலை ஏற்படுகிறது. இந்த நிலையில் நீரின் அருமையை அறிந்து ஒரு துளி நீரைக் கூட வீணாக்கி விடக்கூடாது என்ற எண்ணம் எல்லோர் . மனதிலும் ஏற்பட வேண்டும். நமது நிலங்களில் விழும் ஒவ்வொரு துளி நீரையும் சேமிக்க வேண்டும் என்ற விழிப்புணர்வு எல்லோரிடமும் இருக்க வேண்டும். நீர்வளத்தை சிறப்புடனும் சிக்கனத்துடனும் பயன்படுத்த வேண்டும்.

வீடுகளில் நீர் சேகரிப்பு

1. பொதுவாக வீட்டு மொட்டை மாடியில் பெய்யும் மழைநீரைத் திருப்பி வீட்டுக் கிணற்றிலோ நீர்த் தொட்டிகளிலோ சேகரிப்பது என்பது ஒருவகை. அதாவது மொட்டை மாடியில் விழும் மழைநீரை குழாய்கள் மற்றும் வடிகட்டும் குழிகள் மூலம் அனுப்பி கிணற்றில் அல்லது தொட்டியில் விழச் செய்ய வேண்டும்.

2. வீட்டுக் கூரையின் மேல் விழும் மழைநீரை வடிகுழாய் மூலம் மணல் வடிப்பானில் செலுத்த வேண்டும். மணல் வடிப்பான் மூலம் சுத்திகரிக்கப்பட்ட தண்ணீரை தண்ணீர்த் தொட்டியில் சேமித்து உபயோகப்படுத்தலாம். ஓலைக் குடிசை வீடாக இருந்தால் கூரையின் மேல் பாலிதீன் விரிப்பு அமைக்க வேண்டும்.

3. வீட்டைச் சுற்றியுள்ள திறந்த வெளிப்பகுதிகளில் நீர் உறிஞ்சு குழிகளை அமைக்க வேண்டும். குழிகளை சதுரம், செவ்வகம், வட்ட வடிவில் அமைக்கலாம்.

குழிகளை உடைந்த செங்கற்கள், கூழாங்கல், மணல் ஆகியவை கொண்டு நிரப்பலாம். இவ்விதம் செய்வதன் மூலம் மழைநீரை நிலத்தினுள் ஊடுருவச் செய்து நிலத்தடி நீர் வளத்தைப் பெருக்கலாம்.

தோட்டங்களில் நீர் சேகரிப்பு

1. மானாவரி நிலங்களில் கோடை உழவு செய்வதன் மூலம் களைகள் கட்டுப்படுத்தப்பட்டு மண்ணின் மழைநீர் சேமிப்புத்திறன் அதிகரிக்க ஏதுவாகிறது.
2. நிலச்சரிவின் குறுக்கே உழவு செய்து நீரோட்டத்தைத் தடுத்து மண்ணின் மழைநீர் சேமிப்புத் திறனை அதிகரிக்கச் செய்யலாம்.
3. தரிசு நிலங்களில் ஆழச்சால் அகலப்பாத்தி அமைப்பதன் மூலம் மழைநீரை சேமித்து பயிர் வளர்க்கலாம்.
4. மிதமான சரிவு நிலங்களில் சம உயர வரப்புகள் அமைப்பதன் மூலம் மிகுதியான மழைநீரின் நீரோட்டம் மட்டுப்படுத்தப்படுகிறது. எனவே மண் அரிமானம் குறைகிறது.
5. செடிகளை குழிகளில் தான் நட வேண்டும். குழிகள் தோண்டப்பட்ட பின்னர் அதில் கரம்பை, வண்டல், குப்பைக்கூளம் இவற்றுடன் மேல் மண்ணையும் சேர்த்து இட வேண்டும். இதனால் மண் இளக்கமடைந்து மழைநீர் எளிதில் குழிகளில் இறங்குகிறது.
6. மானாவாரி நிலங்களில் மரம் வளர்க்கும் போது ஒவ்வொரு மரத்தைச் சுற்றிலும் பாத்திகள் அமைப்பதன் மூலம் பெய்யும் மழைநீரை சிக்கனமாகச் சேமித்து மரவளர்ப்பில் லாபம் காணலாம்.

7. செடிகளைச் சுற்றிலும் காய்ந்த சருகுகள், பச்சை இலைகள், பயிர் அறுவடைக்குப் பின் மிஞ்சும் தாவரக் கழிவுகள் ஆகியவற்றைப் போட்டு நிலப்போர்வை அமைத்தால் நீர் ஆவியாவது கட்டுப்படுத்தப்படுகிறது. மண்ணின் ஈரத்தன்மை அதிகரிக்கிறது.

8. மூடுபயிர்கள் வளர்ப்பதால் நிலத்தில் நிழல் விழுகிறது. களைகள் கட்டுப்படுத்தப்படுகிறது. இதனால் மண்ணின் ஈரம் ஆவியாவதிலிருந்து தடுக்கப்படுகிறது.

9. தோட்டத்தின் தாழ்வான பகுதிகளில் ஒரு குட்டை அமைப்பை ஏற்படுத்தி நீரோட்டத்தைத் தடுத்து அவசரகால பயிர்த் தேவைக்கு நீரை சேமிக்க இயலும். சொட்டு நீர், தெளிப்பு நீர் மற்றும் பானை நீர் பாசன அமைப்புகள் மூலம் சேகரிக்கப்பட்ட நீரை சிக்கனமாகப் பயன்படுத்தலாம்.

10. மேற்கூறப்பட்ட முறைகள் மட்டுமின்றி தேனீ வளர்ப்பு, வீட்டுத் தோட்டம், காளான் வளர்ப்பு, முயல் வளர்ப்பு, பன்றி வளர்ப்பு, கோழி வளர்ப்பு, பட்டு வளர்ப்பு ஆகியவை மூலம் நீர் பரப்புப் பகுதிகளில் வேளாண்மை வருமானத்தை அதிகரிக்கலாம். நீரையும் சிறந்த முறையில் சேமிக்கலாம்.

●●●

15. ஒருங்கிணைந்த பயிர் பாதுகாப்பு

பயிர்களுக்கு பயன்படுத்தப்பட்டு வரும் சில பூச்சிக் கொல்லி மருந்துகளினால் கடுமையான சுற்றுச்சூழல் கேடு ஏற்படுகிறது என்பதால் அவற்றை உலக நாடுகள் தடை செய்து வருகின்றன.

ஏனெனில் பயிர்களுக்கு நாம் பயன்படுத்தும் பூச்சிக் கொல்லிகளில் காணப்படும் வேதிப்பொருட்கள் நிலத்தில் படிகின்றன. பின்னர் தண்ணீர், காற்று, உணவு போன்றவை மூலம் மனிதனின் உடலுக்குள் புகுந்து விடுகின்றன. பூச்சிக் கொல்லிகள் மருந்துகள் அல்ல. அவை யாவும் உயிர்க் கொல்லிகள் என்பதை மறந்துவிட வேண்டாம்.

இவை தண்ணீரில் எளிதில் கரையக்கூடிய பொருட்களல்ல. எனவே மனித உடலிலேயே இவை தங்கி தீங்கு விளைவிக்கின்றன. சர்க்கரை நோய், புற்றுநோய், இதய நோய், மூளை நோய், சிறுநீரக நோய் போன்ற அபாய நோய்கள் ஏற்படுவதற்கு இத்தகைய நச்சுப் பொருட்களே காரணமாகின்றன.

பெரும்பாலும் நிலம் சார்ந்த வாழ்க்கையை நடத்துகின்ற விவசாய பெருமக்கள் தான் இவற்றால் அதிக பாதிப்புக்கு

உள்ளாகின்றனர். எனவே இனியும் நாம் விஷத்தோடு விபரீத விளையாட்டு விளையாட வேண்டாம். 'நஞ்சில்லா பயிர் நமக்கெல்லாம் உயிர்' என்பதை தாரக மந்திரமாகக் கொள்வோம்.

பூச்சிக்கொல்லி சீர்கேடுகள்

- ❖ மனிதன் மற்றும் கால்நடைகளுக்கு உணவு மற்றும் இதர வழிகளில் நச்சுத்தன்மை பரவும் அபாயம் ஏற்பட்டுள்ளது.
- ❖ தொடர்ந்து பூச்சிக் கொல்லிகளைப் பயன்படுத்துவதால் பூச்சிகள் எதிர்ப்புத் தன்மைப் பெற்று விடுகிறது.
- ❖ எந்த ஒரு இரசாயன பூச்சிக் கொல்லியும் குறிப்பிட்ட அளவுக்கு மேல் உபயோகப்படுத்தும் போது பூச்சிகளை முழுமையாக கட்டுப்படுத்துவதில்லை.
- ❖ விதையுடன் கலக்கப்படும் நச்சு மருந்துகள் நீண்ட நாட்களுக்கு பாதுகாப்பைத் தருவதில்லை.
- ❖ மண்ணில் நச்சு மருந்துகளை இடும் போது அவை மண்ணிலுள் நுண்ணுயிர்களை சிதைத்து வீரியம் இழக்கச் செய்கின்றன.
- ❖ பயிருக்கு பாதுகாப்பு வேலியாக வலம் வரும் நன்மை செய்யும் பூச்சிகள் பூச்சிக் கொல்லிகள் தெளிப்பதால் மடிந்து போகின்றன.
- ❖ சுற்றுப்புற சூழலில் நீர், காற்று மற்றும் மண்ணில் ஏற்பட்டிருக்கும் மாசு கலப்பினால் பெரிய பாதிப்புகள் தோன்றியுள்ளன.

பண்டைய காலத்தில் நம் முன்னோர்கள் பயிரைப் பாதுகாக்க வேண்டிய அவசியமே இல்லாமல் பயிர் செய்தனர். இதற்கு காரணம் அவர்கள் விவசாய உயிர்ச் சூழலை மதித்து நடந்தது தான். வயல்களில் காணப்பட்ட பூச்சிகளையும் பறவைகளையும் துரத்தாமல் பாதுகாத்தனர். பயிர்களைத் தாக்கும் பூச்சிகளை பறவைகள் உண்டு வாழ்ந்ததால் பூச்சி தாக்குதலால் பயிர்கள் பொருளாதார சேதநிலையை அடையவில்லை.

களைகளின் தீமைகள்

வேண்டாத இடத்தில் வளரும் தாவரங்களை களை எனக் கூறுகிறோம். இவை பயிருக்கு இடப்படும் உரச்சத்துக்கள் மற்றும் நீரை எடுத்துக்கொண்டு பயிரை விட வேகமாய் வளர்கின்றன. மேலும் இவை பயிரின் ஆரம்பகால வளர்ச்சியின் போது அதிகமாக நிலத்தில் வளர்ந்து பயிர் வளர்ச்சியை குன்றச் செய்கிறது. களைகள் பயிருக்கு சேதம் விளைவிக்கும் பூச்சி நோய்களுக்கு அடைக்கலம் தருகிறது. மேலும் சில களைச் செடிகள் மனித இனத்திற்கு கேடு செய்யும் ஆஸ்துமா, தோல் வியாதிகள் போன்றவற்றையும் பரப்புகின்றன.

பொதுவாக களைகள் நாம் வளர்க்கும் பயிருடன் நீர் மற்றும் உணவுச் சத்துக்களுக்காக போட்டிபோட்டு வளருவதால் பயிரின் ‘சக்களத்தி’ என்று சொல்லப்படுகிறது. களைகளினால் பயிர்களுக்கு ஏற்படும் சேதம் நேரிடையாக கண்ணுக்குத் தெரிவதில்லை. அதனால் களைகளை

அமைதியான திருடன் எனக் கூறுவர். இவை பயிர்கள் எடுத்துக் கொள்ளும் உரச்சத்துக்களை விட 37 மடங்கு கூடுதல் உரச் சத்துக்களை எடுத்துக் கொள்கிறது. எனவே களைகளைப் பயிர்களின் இளம்பருவத்திலேயே அழித்து மகசூலைப் பேண வேண்டியது மிகவும் இன்றியமையாததாகும்.

பயிர்களைக் களைச் செடிகள் அமுக்கி வளரும் போது நமது பயிர்களுக்குப் போதிய சூரிய வெளிச்சம் கிடைப்பதில்லை. இதனால் தனக்கான உணவைத் தயாரிக்கப் பயிர்கள் சிரமப்படும். அப்போது பயிர்கள் மெலிந்து வலுவில்லாமல் வளரும். எனவே களைகளை அகற்றி பயிரைப் பாதுகாக்க வேண்டியது நமது கடமை. களைகளை மண்ணின் மருத்துவர்கள் எனலாம். களைகளை பிடுங்கி உர மக்காக மாற்றி விட்டால் நிலத்திற்கு நன்மை பயக்கும். நிலத்திலுள்ள சில சத்துக் குறைபாடுகள் நிவிர்த்தியாகும்.

ஈரம் தாங்கிகளை செடிகளுக்கு இடையே பரப்பி வைப்பதன் மூலம் களைகளை கட்டுப்படுத்துவதுடன் நிலத்திலிருந்து நீர் ஆவியாவது தடுக்கப்படுகிறது. தோட்டங்களில் இயற்கையில் கிடைக்கும் கழிவுப் பொருட்களான இலைதழைகள், சண்டு சருகுகள், புல்பூண்டுகள், காய்ந்த வாழை இலைகள், உலர்ந்த ஓலைகள், கழிவு வைக்கோல், மரப்பட்டைகள் போன்றவற்றை பயிர்களைச் சுற்றிலும் பரப்பி வைத்தால் அவை மக்கி உரமாவதுடன் களைகள் வளருவது தடுக்கப்படுகிறது.

களைகளை கட்டுப்படுத்திட நிலத்தை அவ்வப்போது கொத்தி சுத்தமாகப் பேண வேண்டும். களைகளை அழித்திட

எக்காரணத்தைக் கொண்டும் களைக் கொல்லிகளைப் பயன்படுத்தக் கூடாது. களைக் கொல்லிகளினால் மண்ணுயிர்களும் நுண்ணுயிர்களும் மடிந்து மண் மலட்டுத் தன்மை அடைந்து விடும்.

கட்டுப்பாட்டு முறைகள்

- ❖ இயற்கை விவசாயத்தில் வெற்றிபெற வேண்டுமானால் காலம் காலமாக நாம் பயிரிட்டு வரும் பாரம்பரியய இரகங்களைத் தேர்வு செய்ய வேண்டும்.
- ❖ இயன்றவரை விதைகளை இயற்கை வேளாண்மை முறையில் நிர்வகித்த பண்ணைகளிலிருந்து பெற்று விதைக்க வேண்டும். நோய்த்தாக்காத களைவிதைகள் இல்லாத சுத்தமான விதைகளைப் பயன்படுத்த வேண்டும்.
- ❖ பலபயிர் சாகுபடி செய்யும் போது பூச்சிகள் தனக்கு விருப்பமான பயிர்கள் அதிகமாக இல்லாமல் இருப்பதால் பட்டினி கிடந்து சாகும். பயிர் சுழற்சி முறையில் மண்ணின் வழியாக பரவும் நோய்கள் குறையும்.
- ❖ பயிர்களுக்கு உரமிடும் போது பயிர்களின் முழு வாழ் நாட்களுக்கும் நீடித்த நிலையான ஊட்டங்கள் கிடைக்கும் படியாக உயிர் உரங்கள் மற்றும் அங்கக உரங்களை இடவேண்டும்.
- ❖ மண்ணை நன்றாக உழுவதன் மூலம் நோய் தாக்கப்பட்ட உதிரி பாகங்கள் சிதைக்கப்படுவதோடு களைகளும் கட்டுப்படுத்தப்படுகிறது.

- ❖ தேவைக்கு அதிகமான நீர் பயிர்களுக்கு மிகுந்த சேதத்தை ஏற்படுத்துவதோடு நீரினால் பயிருக்கு வருகின்ற நோய்களுக்கு ஊக்கமளிக்கும்.
- ❖ இயற்கையில் எதிரிப்பூச்சிகளை இனம் கண்டறிந்து ஊக்குவித்து பாதுகாப்பதால் பயிர்களை உண்ணும் பூச்சிகளை கட்டுப்பாட்டுக்குள் வைக்க முடிகிறது.
- ❖ சரியான இடைவெளிவிட்டு பயிர் நடவு செய்தால் காற்றோட்டம் நன்கு கிடைப்பதுடன் செடிகளின் வேர்ப்பாகம் வரை சூரிய ஒளி சென்றடைந்து பூச்சி மற்றும் நோய்க்கிருமிகள் கட்டுப்படுத்தப்படுகிறது.
- ❖ இயற்கை எருக்கள் இட்டு வளர்க்கும் பயிர்கள் ஆரோக்கியமாகவும் அதன் உடல் கூறுகள் கடினமாகவும் இருப்பதால் பூச்சிகள் எளிதில் இதனைத் தாக்க முடியாது.
- ❖ தொடர்ந்து ஒரே விதமான பயிரை வளர்க்காமல் சுழற்சி முறையில் வெவ்வேறு பயிர்களை ஒரு வருடத்தில் பயிரிட்டால் சில பூச்சிகளின் தாக்குதல் இருக்காது.
- ❖ நாம் பயிர் செய்யும் பயிர்களிடையே பூச்சி வெறுக்கும் வாசனை மற்றும் நிறமுடைய பயிர்களை ஊடுபயிராகப் பயிரிடுதல் பூச்சித் தாக்குதலை குறைக்க உதவும்.
- ❖ அதிக சேதத்தை விளைவிக்கும் புரடீனியா, சிவப்பு கம்பளிப்பூச்சி, அசுவினி ஆகியவற்றைக் கவர்ந்தழிக்க ஆமணக்கு, தட்டைப் பயறு போன்றவற்றைப் பொறிப்பயிராக வளர்க்கலாம்.

பூச்சிகளால் அழித்தல்

நாம் பாம்பு தவளையைப் பிடிப்பதையும், நரி நண்டைப் பிடிப்பதையும் பார்க்கிறோம். அது போல் நெற்பயிரைத் தாக்கக்கூடிய பூச்சிகளை பிடித்து உண்பதற்கு நன்மை செய்யும் பூச்சிகள் வயலில் இருக்கின்றது. இவைகள் நன்மை மட்டும் தரக்கூடிய பூச்சிகள். இவைகளைப் பெருக்கினால் பயிரைத் தாக்கும் பூச்சிகளை அழித்து விடலாம். நெற்பயிரில் பூச்சிகளைக் கட்டுப்படுத்த வாத்து, மீன், தவளை மற்றும் பாம்புகள் பயன்படுகின்றன. பூச்சிகளைத் தின்னும் பறவைகள் வந்து அமர வயல்களைச் சுற்றிலும் மரங்கள் நட்டு வாய்ப்புகள் ஏற்படுத்தலாம். இயற்கையிலேயே பல்வேறு நன்மை பயக்கும் பூச்சிகள் வயல்களில் மிகுதியாக உள்ளதால் அதனை பூச்சிக்கொல்லிகள் தெளித்து அழிக்காமல் விட்டாலே தீமை செய்யும் பூச்சிகளின் ஆதிக்கம் குறைந்து விடும்.

பூச்சி விரட்டும் செடிகள்

பூச்சிகளை விரட்டும் பயிர்களைத் தேர்வு செய்து நடுவதன் மூலம் பூச்சிகளைக் கட்டுப்பாட்டிற்குள் வைத்திருக்கலாம். பொதுவாக பயிர்களை ஊடுபயிராகவும் கலப்புப் பயிராகவும் சாகுபடி செய்யும் போது அவற்றில் ஒரு சில பயிரை பூச்சிகள் வெறுக்கும் வாசனையுடைய பயிராக பயிரிடுதல் சாலச் சிறந்தது. வெங்காயம், வெள்ளைப் பூண்டு, மஞ்சள், செவந்தி, சூரியகாந்தி, மேரிகோல்டு, நொச்சி போன்ற செடிகள் பூச்சிகளை விரட்டும் தன்மை படைத்தது.

உயிர் எதிரிகள்

- பயிரில் தோன்றும் நோய்களைக் கட்டுப்படுத்த பூசணக் கொல்லிகளுக்கு மாற்றாக உயிர் எதிரிகளை பயன்படுத்துவது சாலச் சிறந்தது.
- உயிரியல் காரணிகள் நோய்க் காரணிகளுடன் போட்டியிட்டு நோய்க் காரணிகளை அழிக்கின்றது.
- நொதிகளைச் சுரந்து நோய் ஏற்படுத்தும் பூசணத்தின் செல் சுவர்களை அழித்து இறக்கச் செய்கின்றது.
- நச்சுப் பொருள்களைச் சுரந்து நோய் பூசணங்களை அழிக்கின்றது.
- நோய் பூசணத்தின் இழைகளுடன் பின்னிப் பிணைந்து ஒட்டுண்ணியாகச் செயல்படுகின்றது.
- பயிர்களின் நோய் எதிர்ப்புத் திறனைத் தூண்டுகிறது.

●●●

16. ஒருங்கிணைந்த பண்ணைத் திட்டம்

நஞ்சில்லா வேளாண்மையில் ஈடுபடும்போது ஒருங்கிணைந்த பண்ணைத் திட்டத்தை செயல்படுத்தி கலப்பு பண்ணை அமைப்பதன் மூலம் நிலையான வருமானத்தைப் பெற்றுக் கொள்ள முடியும். மேலும் இதன் மூலம் உணவு வகைகளில் கூட தரமான புரதச்சத்து, மாவுச்சத்து, கொழுப்புச்சத்து, நார்ச்சத்து மற்றும் உயிர்ச்சத்து ஆகியவை அடங்கிய பால், இறைச்சி, முட்டை மீன், தேன், காய்கறி, பழங்கள் கிடைக்க வழி செய்ய முடியும். அதோடு இவ்வித பண்ணைகளால் மண்ணில் அங்ககச்சத்துக்கள் அதிகரித்து மண்வளம் மேம்படுகிறது.

கலப்பு பண்ணை

வேளாண் தொழிலைப் பொறுத்தமட்டில் பயிர் சாகுபடியை மட்டும் செய்வதைக்காட்டிலும் அதோடு தொடர்புடைய உப தொழில்களையும் சேர்த்து செய்யும் போது வருமானம் நிலையாகவும் அதிகமாகவும் இருக்கும். ஆடு,மாடு,கோழி, பன்றி, வாத்து, முயல், தேனீ, பட்டுப்புழு, மண்புழு, காளான், காடை மீன் போன்ற பண்ணைகளில் சாத்தியமானவைகளை வேளாண்மையோடு இணைந்து செய்வது பண வருவாயைப் பெருக்குவதோடு மண்ணின் வளத்தையும் கூட்டுகிறது.

இயற்கை எருக்களின் உற்பத்தியை அதிகப்படுத்தி மண்ணின் தரத்தை மேம்படுத்துவதும் அதன் மூலம் அதிக வருவாயைப் பெருக்குவதும் இயற்கை வேளாண்மையில் இன்றியமையாததாகும். இதற்கு கலப்பு பண்ணை கைகொடுத்து வருகிறது. இதனால் விவசாயிகளுக்கும் அவர்களது குடும்பத்தினருக்கும் வருடம் முழுவதும் வேலை வாய்ப்பு கிடைக்கிறது. இவ்விதம் விவசாயிகளின் வாழ்க்கைத் தரம் உயருவதற்கு கலப்புப் பண்ணை பெரிதும் துணைபுரிகிறது.

கலப்பு பண்ணை மிகவும் லாபகரமானது. பயிர் சாகுபடியில் ஏதேனும் இழப்பு ஏற்படினும் அதனை இதர பண்ணைகள் மூலம் கிடைக்கும் வருவாய் மூலம் ஈடு செய்ய இயலும். கால்நடைகள் என்று சொல்லப்படுவன அதிக முதலீடுகள் எதுவும் இல்லாமல் குறைந்த இடு பொருட்களோடு வளர்க்கப்படும் உயிரினங்களாகும். நமது விவசாயிகளோடும் விவசாய முறைகளோடும் ஒன்றிப்போன கால்நடைகளை கைவிடுவது நமது பல்லுயிர்த்தன்மையை பாதித்து விடும்.

ஆகவே பற்பல பயன்மிக்க பண்ணைகளை அந்தந்த பகுதிக்கேற்ப விவசாயிகளின் வசதியையும் கருத்தில் கொண்டு ஒருங்கிணைத்து பராமரிப்பதன் மூலம் விவசாய உற்பத்தியை நிச்சயமாக அதிகரிக்க முடியும். மேலும் பண்ணை அளவில் கிடைக்கக்கூடிய அனைத்து கழிவுப் பொருட்களையும் மதிப்பற்ற உற்பத்தி பொருட்களையும்

சுழற்சி முறையில் ஒருங்கிணந்த பண்ணைத்திட்டத்தில் பயன்படுத்தினால் உழவர்களின் உற்பத்தி செலவைக் குறைத்து பண்ணையின் வருமானத்தைப் பலமடங்கு பெருக்கிடலாம்.

கலப்பு பயிர்

சில ஆண்டுகளுக்கு முன்புவரை நமது கிராமங்களில் பல பயிர்களை ஒரே நிலத்தில் பயிரிடும் பழக்கம் இருந்து வந்தது. உலகெங்கிலும் பயிரிடும் பழக்கங்கள் வேறுபட்டு இருந்தாலும் பொதுவாக சாகுபடி செய்த பயிர்கள் மனிதர்களின் அடிப்படைத் தேவைகளைப் பூர்த்தி செய்வதாக அமைந்திருக்கிறது.

அதாவது பல பயிர் சாகுபடி முறையில் தானியம், பருப்பு, காய்கறி, எண்ணெய் வித்து, பழ மரம் என்ற கூட்டு இருந்தன. இந்த அடிப்படை உணவுத் தேவைகள் தவிர எஞ்சியிருந்த நிலத்தில் நீர்வளத்திற்கேற்றார் போல் கால்நடைத்தீவனம், பசுந்தழை மரங்கள், வன மரங்கள் போன்றவற்றைய பயிரிட்டதால் அவை மனிதனின் பல்வேறு தேவைகளைப் பூர்த்தி செய்தன.

கூட்டாளிச் செடிகள்

எந்தப் பயிரை எந்தப் பயிரோடு கூட்டாகப் பயிரிடுவது என்பதில் தெளிவு இருந்தது. சில பயிர்கள் உயரமானவை சில குள்ளமானவை, சில அதிகம் நீர்த்தேவை உள்ளவை சில குறைந்த நீர்த்தேவை உள்ளவை, சில நீண்ட நாள் இருப்பவை சில குறைந்த நாட்களே இருப்பவை, சில

பயிர்களுக்கு மிகுந்த கவனம் தேவை சில பயிர்களுக்கு பராமரிப்பு தேவை இல்லை. இவ்வாறான சாகுபடி முறையால் உணவு உற்பத்தியில் நாம் சுயசார்பு அடைவதோடு பயிர்களை பூச்சித் தாக்குதலிலிருந்தும் பாதுகாக்கலாம். இணைந்து வளரும் இயல்புடைய செடிகள் கூட்டாளிச் செடிகள் எனப்படும்.

பல பயிர் சாகுபடி

எந்தவித சிறப்பு ஏற்பாடும் இன்றி ஒரே சமயத்தில் பல்வேறு பயிர்களைக் கலந்து விதைக்கும் முறைக்கு கலப்புப் பயிர் சாகுபடி என்று பெயர். மானாவரி நிலங்களில் இத்தகையப் பயிர் சாகுபடி முறை அதிகமாக நடைபெறுகிறது. குறிப்பாக மலைப் பகுதிகளில் நவதானியங்களைக் கலந்து விதைக்கும் முறை பழக்கத்தில் இருந்து வருகிறது.

நீண்ட வயதுடைய பயிருடன் குறைந்த வயதுடைய பயிர், ஆழ வேர் அமைப்புடையதுடன் சல்லி வேர் அமைப்புடைய பயிர் என கலப்பு பயிர் சாகுபடி செய்வதை நாம் யாவரும் நன்கறிவோம். அதனைப் போன்றே பயறு வகைகளுடன் இதரப் பயிர்களையும் கலந்து விதைத்து விடுவதும் நன்று. மழை எப்படிப் பெய்தாலும் ஏதேனும் ஒரு வருவாய் நிச்சயமாக் கிடைக்க கலப்புப் பயிர் சாகுபடி முறை அவசியமாகும். ஒரே நிலத்தில் ஒரே காலத்தில் உயரத்திலும் குணத்திலும் வேறுபட்டுள்ள பயிர்களை கலப்பாகப் பயிரிடுவதால் பூச்சிக்குத் தான் தாக்கும் பயிரைக் கண்டறிவது சுலபமாக இருக்காது.

மானாவாரி நிலங்களில் நடைபெற்றுவரும் கலப்பு சாகுபடி முறையும் நீர்ப்பாசன நிலங்களில் நடைமுறையில் உள்ள கலப்பு சாகுபடி முறையும் வித்தியாசமான அமைப்புகளைக் கொண்டது. முறை எதுவாயினும் கலப்பு பயிர் சாகுபடியில் ஒன்றுக்கு மேற்பட்ட பயிர்கள் ஒரே நிலத்தில் ஒரே நேரத்தில் பயிரிடப்படுகின்றன. இவற்றின் வகைகள் பின்வருமாறு:

1. சந்து வெளி சாகுபடி - Alley Cropping
2. தொடர் சாகுபடி - Relay Cropping
3. அறுதாழ் சாகுபடி - Ratoon Cropping
4. வரப்பு பயிர் சாகுபடி - Bund Cropping
5. ஊடுபயிர் சாகுபடி - Inter Cropping
6. அடுக்கு பயிர் சாகுபடி - Tier Cropping
7. பொறிப்பயிர் சாகுபடி - Trap Cropping
8. எதிரிப் பயிர் சாகுபடி - Resistance Cropping
9. மூடுபயிர் சாகுபடி - Cover Cropping
10. கலப்பு பயிர் சாகுபடி - Mixed Cropping
11. பல்லடுக்கு சாகுபடி - Multiple Cropping

கலப்புப் பயிர் தேர்வு

❖ மண்ணைக்காத்து மண் அரிப்பைத் தடுத்து சூரிய ஒளிக்குத் தடுப்பாய் விளங்கி மண் அமைப்பைக் காப்பதாக இருக்க வேண்டும்.

- நீரைக் காத்து ஈரத்தன்மையை நிலை நிறுத்தி நீர் வழிந்தோடுவதை ஆவியாவதை கசிவதை தடுப்பதாக இருக்க வேண்டும்.
- இருக்கின்ற நீருக்கு ஏற்றதாய் அரிய நிலத்தடி நீரை உறிஞ்சாததாய் இருக்க வேண்டும்.
- மண்வளம் மண் உயிர்த்தன்மை ஆகியவை காத்து மண்ணில் உயிர்ப் பொருளை அதிகரித்து மண்ணின் சத்து நிலையைப் பேணுவதாக இருக்க வேண்டும்.
- உணவு, கால்நடைத்தீவனம், மரத்தேவைகள், உரத்தேவைகள், எரிபொருள் போன்ற பல்வேறு தேவைகளைப் பூர்த்தி செய்வதாக இருக்க வேண்டும்.
- பூச்சி நோய் ஆகியவற்றைத் தாக்குப்பிடிக்கக்கூடிய கலப்பு அமைப்பு பயிருக்கு பாதுகாப்பாக விளங்கும் முறையாக இருக்க வேண்டும்.
- விற்கக்கூடியதாகவும் வருவாய் தருவதாகவும் அதன் மூலம் குடும்பத்தின் பிற தேவைகளைப் பூர்த்தி செய்வதாகவும் இருக்க வேண்டும்.
- குடும்ப உறுப்பினர்களுக்கு உழைக்கும் வாய்ப்பு உருவாக்குவதாக இருப்பது சிறந்தது.

பயிர்ச் சுழற்சி

ஒரு நிலத்தில் ஒரு வருடத்தில் தொடர்ந்து ஒரேவிதமான பயிரை பயிரிடாமல் வெவ்வேறு பயிர்களை மாற்றி மாற்றி பயிரிடும் முறைக்கு பயிர்சுழற்சி என்று பெயர்.

தொடர்ந்து ஒரேவிதமான பயிரை பயிரிடுவதால் குறிப்பிட்ட பூச்சிகள் மட்டும் இனப்பெருக்கம் அதிகம் செய்யும். எனவே வெவ்வேறு பயிர்களை ஒரு வருடத்தில் பயிரிட்டால் சில பூச்சிகளின் தாக்குதல் இருக்காது. இது நமக்கு பெரிய நன்மையாகும்.

மேலும் ஒவ்வொரு விதமான பயிரும் வித்தியாசமான ஊட்டச் சத்துக்களை நிலத்திலிருந்து கிரகிக்கும் தன்மை படைத்தவை ஆகும். ஆகவே ஒரே நிலத்தில் வெவ்வேறு விதமான பயிர்களை ஒரு வருடத்தில் பயிரிடுவதால் அந்த நிலத்திலுள்ள ஊட்டச்சத்துக்களை பயிர்கள் நல்லமுறையில் பயன்படுத்திக் கொள்ள முடியும்.

வீட்டுக் காய்கறித் தோட்டத்தில் பயிர் சுழற்சி முறையை எளிதாகப் பின்பற்றலாம். காய்கறி பாத்தியில் காய்கறி அறுவடை முடிந்ததும் முதலில் நட்ட அந்த செடிகளை பிடுங்கிவிட்டு பாத்தியை கிளறி மறுபடியும் வேறு பயிர் சாகுபடி செய்ய வேண்டும். பிடுங்கிய செடிகளை மூடாக்காக பயன் படுத்தலாம். முதல் முறை நட்ட பயிர்களை மறுபடியும் அதே இடத்தில் நடாமல் பாத்தியில் இடம் மாற்றி நடவேண்டும்.

•••

17. உயிர் பண்ம வளம்

உலகின் உயிர் பண்ம வளம் மிகுந்த 12 நாடுகளில் நம் இந்திய நாடும் ஒன்றாகும். எப்படியெனில் நம்நாடு பல்வேறு வகையான காலநிலை மண்டலங்களைக் கொண்டுள்ளது. இதன் காரணமாக அந்தந்த தகவமைப்புக் கேற்றவாறு வெவ்வேறு விதமான உயிரினங்களை இயற்கை நிலையில் கொண்டுள்ளது. மேலும் அந்தமான் தீவுகள், லட்சத்தீவுகள் ஆகியவை அந்தந்த பகுதிக்குமட்டுமே உரித்தான உயிரினங்களைக் கொண்டுள்ளது. இவ்வகை உயிரினங்களை உலகின் வேறு எந்த பாகத்திலும் காணமுடியாது. மற்ற உலக நாடுகளுடன் ஒப்பிடும்போது இந்தியா அதிக அளவிலான சிற்றினங்களுடன் மேலிடம் வகிக்கிறது. இந்த உயிர் பண்ம வளம் உண்மையில் மனிதன் பூமியில் வாழ்வதற்கு அடிப்படையான ஒன்றாகும்.

நஞ்சில்லா வேளாண்மையை உயிர்த்துடிப்புடன் வைதிருப்தற்கு உயிர் பண்மவளம் இன்றியமையாததாகும், ஒரு நாட்டின் நிலையான பொருளாதார வளர்ச்சிக்கும், மனித சமுதாய நலனுக்கும் மிகையான உயிர் பண்மம் கொண்ட ஒரு சூழ்நிலை அவசியமாகிறது. மனிதர்களின் செயலால் ஏற்படும் உயிர்பண்மத்தின் இழப்பானது ஆபத்தான பொருளாதார மற்றும் சமுதாய சீர்கேட்டிற்கு அழைத்துச் சென்றுவிடும், காடுகள், பாலைவனங்கள், மலைகள் மற்றும் நிலப்பகுதிகள், காற்று, கடல் மற்றும் பிற நீர்நிலை

ஊடகங்களில் வாழும் உயிரினங்கள் மனிதனுக்குத் தேவையான உணவு, கால்நடைகளின் தீவனம், எரிபொருள், மருந்து, துணிகள், மரம் போன்றவைகளை அளிக்கின்றன. ஆகவே உயிர் பண்மத்தினை பாதுகாப்பது நமது அடிப்படையான கடமையாகும்.

உயிர் பண்மத்தின் பயன்கள்

உலகில் உள்ள அனைத்து தாவரங்கள், விலகுங்குகள், மனிதர்கள் ஆகியவை ஒன்றுக்கொன்று தொடர்புடையவனாக உள்ளன. இந்த தொடர்பில் உண்டாகும் சிறு விரிசல் கூட மற்றொடு உயிரினத்தை பெரிய அளவில் பாதிக்கக்கூடிய வகையில் இருக்கும். உயிரினங்கள் பொதுவாக ஒன்றையொன்று சார்ந்த இருக்கின்றன. மனிதர்களும் இத்தொடர்பில் ஒரு அங்கமே தவிர, இதிலிருந்து விலகிவிட முடியாது. மற்ற எல்லா உயிரினங்களைப் போலவே மனிதர்களும் பரிணாம வளர்ச்சிக்கு உட்பட்டவர்களே, பல்லுயிர் பெருக்கத்தைப் பற்றி எந்த அளவுக்கு அதிகமாக அறிந்து கொள்கிறோமோ அந்த அளவுக்கு நாம் நம்மை முன்னேற்றி கொள்ள முடியும்.

அதிக அளவிலான காட்டுவகை இனங்களின் பெருக்கமானது. புதிய பல உயிரினங்களை கண்டுபிடிக்க உதவியாக இருக்கிறது. நாம். இன்று உணவுக்காக சார்ந்து இருக்கக்கூடிய தாவரங்கள், கால்நடைகள் போன்றவை கலப்பின பெருக்கம் மூலம் புதியதாக உருவாக்கப் பட்டவைகளே. இவற்றின் இனப்பெருக்கமானது காட்டுவகை தாவர அல்லது விலங்கின முன்னோர்களிலிருந்தே

உண்டானதாகும். இவ்வகையான புதிய உயிரினங்கள் காலப்போக்கிலோ அல்லது திடீர் காலநிலை மாற்றத்தாலோ அழிந்து விடலாம், ஆகவே இவ்வகை உயிரினங்களைப்போல புதிய வகைகளை அல்லது இவற்றில் மாற்றம் ஏதேனும் செய்யவேண்டியிருந்தால் காட்டு வகை இனங்கள் அவசியம் தேவை,

வன உயிரினங்கள் சுற்றுச்சூழலில் ஏற்படும் சிறு மாற்றத்தைக்கூட உணர்த்தக் கூடிய வகையில் சிறந்த உயிரினக்காட்டிகளாக உள்ளன. ஏனெனில் சிறுமாற்றம் கூட அவற்றின் தன்மையில், பெரிய விளைவுகளை ஏற்படுத்த போதுமானதாக உள்ளது. இதற்கு எடுத்துக் காட்டாக முதுகெலும்பற்ற நீர்வாழ்விகளின் வகைகள் மற்றும் நீர் மாசுபாடு காரணமாக உடலில் ஏற்பட்ட மாற்றங்களைக் கூறலாம். பல்வேறு வகையான உயிரினங்களின் மருத்துவ குணங்கள் இன்னும் சரிவர ஆராயப்படவில்லை. இதைப் பற்றிய ஆராய்ச்சியானது மனித குலத்திற்கு மிகவும் பயன் உள்ள வகையில் இருக்கும். எந்த அளவுக்கு வன உயிரினங்களைப் பாதுகாக்கிறோமோ அந்த அளவுக்கு நாம் அவைகளிடமிருந்து புதிதாக கற்றுக்கொள்ள முடியும்.

அழிவிற்கான காரணிங்கள்

உயிர் பண்மம் அழிந்து வருவதற்கான காரணங்களை இரண்டு வகையாகப் பிரிக்கலாம், ஒன்று இயற்கை சீற்றங் களினால் ஏற்படுவது. இன்னொன்று மனிதர்களால் செயற்கையாக உண்டாக்கப்படுவது. இயற்கை கீற்றங்களால்

ஏற்படும் அழிவுகளாக நிலச்சரிவு, நிலநடுக்கம், வெள்ளம், நோய்கள், மகரந்த சேர்க்கை நடைபெறாது போகுதல் மற்றும் இயற்கையில் உயிரினங்களுக்கு இடையே ஏற்படும் போட்டி போன்றவற்றைக் கூறலாம்.

மனிதர்களால் ஏற்படுத்தப்படும் மிக மோசமான அழிவுகளான சூழ்நிலை அமைப்பை அழித்தல் அல்லது மாற்றுதல், வெப்ப மண்டல வாழ்விடங்களை அழித்தல், தொழிற்சாலை மயமாக்குதல், நகர்ப்புற வளர்ச்சியை அதிகப்படுத்துதல், சுரங்க வேலை செய்தல், பெரிய அணைகள் கட்டுதல், மரங்களை வெட்டுதல், அதிகப்படியான மேய்ச்சல், காட்டுத்தீ, அளவுக்கதிகமாக இயற்கையை அழித்தல் போன்றவற்றைக் குறிப்பிடலாம்.

உயிர் பண்மத்தை பாதுகாத்தல்

மனிதகுல வளர்ச்சிக்கு உயிர்பண்ம பாதுகாப்பு மிகவும் இன்றியமையாததாகிறது. உயிர் பண்மத்தைப் பாதுகாப்பதால், மனிதர்கள் அடிப்படை அமைப்புகள் பாதுகாக்கப்படுகிறது. இதன் மூலம் சூழல் பரிணாமங்கள் காக்கப்படுகிறது, மரபணுப் பண்பு வழி குணங்கள் காப்பாற்றப்பட்டு சிறந்த உயிரின வகைகள் உண்டாக எதுவாகிறது. மாற்றப்படாத உயிர்கள் கொண்ட கூட்டமைப்பு அதன் இயற்கை நிலையில் இருப்பதால் அது பலுகிப் பெருகுவதற்கும், நாம் அதனைப் படித்து ஆராய்ச்சிகள் செய்வதற்கும் உபயோகமாக உள்ளது.

உயிரினங்களை அவற்றின் இயற்கை சூழ்நிலையில் வைத்தும். பாதுகாக்கலாம் அல்லது மற்ற இடங்களில்

வைத்தும் காப்பாற்றலாம். உயிர் பண்ம பாதுகாப்பில் புதிய பல சித்தாந்தங்கள் வந்து கொண்டே இருக்கிறது. இவைகள் பழைய பாதுகாப்பு முறைகளான மரபணுபண்புகளைக் காத்தல், சிற்றினங்களின் வாழிடங்களக் காத்தல் என்று மட்டுமல்லாமல் பெரிய அளவான பாதுகாப்பு செயல்முறைகளைக் கொண்டுள்ளன. உயிர் வகை இனங்களை அவற்றின் இருப்பிடங்களில், வாழிடங்களில் வைத்து காப்பாற்றுவது மிகவும் சிறந்தது. மேலும் உயிர்வகை இனங்களின் தாங்கும் அல்லது நிலைக்கும் தன்மை என்பது அவற்றின் மரபணுக் குணங்களைப் பாதுகாப்பதிலே அடங்கி இருக்கிறது.

உயிர் பண்மத்திற்கு சவாலாக ஒரே இனத் தாவர வளர்ப்பு மிக வேகமாக உலகம் முழுவதும் பரவி வருகிறது. இது இயற்கைத் தேர்வு என்ற கொள்கைக்கு எதிரானது. இந்த நிலை தொடர்ந்தால் இயற்கைத் தேர்வு இறுதியில் இயற்கை சீரழிவாக மாறிவிடும். இயற்கை பேரழிவு என்பது ஒரு குறிப்பிட்ட நேரத்தில் தான் நடக்கும் என்பது கட்டாயமல்ல. இயற்கை அழிவே நடைபெறாவிட்டாலும் நாம் தற்பொழுது பெருவாரியாக ஊக்குவிக்கும் ஒரே இன உயிர் வளர்ச்சியே அழிவு ஏற்பட போதுமானதாகும். ஏனெனில் இவைகளின் மரபணுப் பண்புகள் சரிவர ஆக்கப்படவில்லை எனில் நோய்க்கு ஆளாகி உயிரினங்கள் அனைத்தும் அழிந்துவிட

வாய்ப்புக்கள் அதிகம் உள்ளன. எனவே பல உயிரினப் பெருக்கத்திற்கு வாய்ப்புகளை உருவாக்கித் தரவேண்டும்.

உயிர் பண்மமானது நம் வாழ்வின் தூண் போன்றது. அது புவியின் சீதோஷ்ண நிலையினை நிலை நிறுத்துவதுடன் மண்ணின் வனத்தையும் புதுப்பிக்கின்றது. இவைகள் கோடிக்கணக்கான மக்களின் வாழ்க்கைத் தேவைகளை அளிப்பதுடன் அவர்களின் உணவுப் பாதுகாப்பிற்கு உறுதியும் அளிக்கின்றது. மேலும் இயற்கை மருந்துகள் மற்றும் நவீன மருந்துகளுக்கு வளம் மிகுந்த ஒன்றாக விளங்குகிறது. மனிதர்களுக்கு மட்டுமின்றி எண்ணிக்கையில் அடங்காத பலவகை உயிரினங்களுக்கும் உயிர் பண்மம் உணவுப் பாதுகாப்பினை அளிக்கிறது. உயிர் பண்மம் மனித குலத்தின் நாகரீகத்தை முன்னேற்றமடையச் செய்வதுடன் அனைத்து தேசிய வளங்களையும் முன்னேற்றமடையச் செய்கிறது. உயிர் பண்மம் பொருளாதார கலாச்சார மற்றும் கலை சார்ந்த ஒரு இயற்கை வளமாக இருப்பதால் அவை பாதுகாக்கப்படுதல் அத்தியாவசியமாகிறது.

●●●

18. அங்கக வேளாண்மை அங்காடி

நல வாழ்வு நாம் அனைவரும் விரும்பித் தேடும் ஒன்று. நோயற்ற வாழ்வே குறைவற்ற செல்வம். நம் முன்னோர்களுக்கு உணவே மருந்தாக அமைந்தது. நமது முன்னோரின் உணவு இயற்கையோடு ஒன்றியிருந்தது. அவ்வுணவில் சுவை இருந்தது. உயிர் இருந்தது. மணம் இருந்தது. அவ்வுணவு மனிதருக்கு உயிர் கொடுத்தது, ஊட்டம் கொடுத்தது, ஊக்கம் கொடுத்தது.

ஆனால் இன்று இயற்கை அழிந்து செயற்கை கோலோச்சும் காலம். செயற்கையாக தயாரிக்கப் பட்டு, பலவகை வேதி பொருட்களால் பாதுகாக்கப்படும் உணவு வகைகள் நம்மை சுண்டி ஈர்க்கும் காலம். இவ்வுணவில் சுவைக்கு பஞ்சமில்லை. ஆனால் உயிரையோ, உடலையோ வளர்க்கும் ஆற்றல் இல்லை. இதனால் உணவே மருந்து என்ற அன்றைய நிலை மாறி மருந்தே உணவாகி விட்டச் சூழல் உருவாகிவிட்டது.

இச்சூழலில் நலம் தரும் நஞ்சில்லா உணவு வகைகளை குறித்து பொது மக்களிடையே விழிப்புணர்வு ஏற்படுத்தி அவற்றையே தங்கள் உணவு பழக்கமாக ஏற்க தூண்டுவதும், அதன் மூலம் அனைவரும் நலமாக வாழ உதவுவதும் காலத்தின் கட்டாயம். இதனை மனதில் கொண்டு ஆர்கானிக் பஜார்கள் வெகு ஜோராக செயல்பட்டு வருகின்றன.

இன்று உலகம் முழுவதும் மக்கள் நஞ்சில்லா விவசாய முறையில் உற்பத்தியாகும் உணவு பொருட்களையே உண்ண வேண்டுமென்ற எண்ணத்தில் உள்ளார்கள். முக்கியமாக வளரும் நாடுகளிலும் வளர்ந்த நாடுகளிலும் தான் இந்த எண்ணம் மேலோங்கி உள்ளது. இதற்காக இப்போது உலகெங்கும் ஆர்கானிக் பஜார்கள் உருவாகி வருகிறது.

இன்றைய நிலையில் நஞ்சில்லா உணவுப் பொருட்களின் சந்தை பங்கு 2 முதல் 3 சதவீதமாக உள்ளது. மேலும் நுகர்வோர்கள் தற்போது சுற்றுப்புற சூழ்நிலை மாசுபாடு பற்றி பெரிதும் கவலை கொள்கின்றனர். எனவே பெரிய வியாபார நிறுவனங்கள் தங்கள் வாடிக்கையாளர்களின் தேவையை அறிந்து நஞ்சில்லா விவசாய பொருட்களை சந்தைப்படுத்தி வருகின்றனர். இவ்விதம் விவசாயிகள் கிராமங்கள் தோறும் ஆர்கானிக் பஜார்களை ஏற்படுத்தி அதிகலாபம் பெற முடியும்.

மிகவும் முக்கியமாக உணவு உற்பத்தியாளர்கள் மற்றும் பதப்படுத்து பவர்கள் தங்கள் உற்பத்திப் பொருளை நஞ்சில்லா விவசாயத்திலிருந்து பெறப்பட்டது என அச்சிட்டு அழகிய வண்ண பார்சல்களில் விற்பனைக்கு அனுப்புகின்றனர். எதிர்காலத்தை உற்று நோக்கினால் நமக்கு நஞ்சில்லா விளை பொருள் உற்பத்தி தேவை இன்னும் அதிகமாகப் போகிறது என்பது தெளிவாகிறது. நஞ்சில்லா உணவு உற்பத்திக்கு மண்ணின் வளமான நிலையைப் பாதுகாத்து பயிர் செய்வது முக்கியமாகும். இதற்கு தகுந்த பயிர் சுழற்சி மற்றும் நிலப்பரப்புக்குத் தகுந்த அளவு கால்நடை வளர்த்தல் ஆகியவை கையாளப்பட வேண்டும்.

மேலும் மண்ணின் அங்ககப் பொருட்களின் அளவை ஒரே சீராகப்பாதுகாத்தல், இதன் மூலம் மண்ணின் ஊட்டச்சத்து அளவுகளை சரியான விகிதத்தில் வைத்திருத்தல், பயிர்ச்சத்துக்களை மண்ணில் நிலை நிறுத்தும் நுண்ணுயிர்களைப் பெருக்குதல், பயறுவகைப் பயிர்களை அதிகமாகப் பயிரிடுதல், தகுந்த மண்மேலாண்மை நுட்பங்களைக் கையாளுதல், நிலப்போர்வை அமைத்தல், போதுமான தரிசு காலம் அனுமதித்தல், பூச்சி நோய் எதிர்ப்பு ரகங்களை பயிரிடுதல், ஊடுபயிர் சாகுபடியை ஊக்குவித்தல், வேளாண்மைக் காடுகள் வளர்த்தல், உயிரியல் பூச்சி நோய்க்கட்டுப்பாட்டு முறைகள், மனித ஆற்றல், இயந்திரம் மற்றும் உயிர்சக்தி ஆற்றல்களைப் பயன்படுத்துதல் போன்றவை நஞ்சில்லா விவசாயத்தில் பின்பற்றப்பட வேண்டும்.

அங்ககத் தரச்சான்றிதழானது உற்பத்திப் பொருட்களின் தரத்தை நிர்ணயிக்கும் ஒரு முத்திரையே ஆகும். அங்ககத் தரச்சான்றிதழ் பெற்ற பொருட்கள் குறைந்த செலவில் உற்பத்தி செய்யப்பட்டிருந்தாலும் அதிகளவில் வருமானம் ஈட்டுகின்றன. உள்நாடு மற்றும் வெளிநாட்டு வணிக சந்தையில் அங்கக முறையில் உற்பத்தி செய்யப்பட்ட விளைபொருட்களை விற்பதற்கு அங்கக தரச்சான்றிதழ் இன்றியமையாததாகும். இதன் மூலம் நஞ்சில்லா வேளாண்மை ஊக்குவிக்கப்படுகிறது.

நஞ்சில்லா உணவு தரநிர்ணயம்

- ❖ மூன்று ஆண்டு காலம் சம்மந்தப்பட்ட நிலத்தில் நஞ்சில்லா முறை விவசாயம் கடைபிடிக்கப்பட்டிருத்தல் வேண்டும்.
- ❖ பக்கத்து தோட்டத்திலுள்ள நச்சுப் பொருட்கள் இந்த தோட்டத்தில் ஊடுருவாதவாறு பார்த்துக்கொள்ள வேண்டும்.
- ❖ பல்லுயிர்த்தன்மை இத்தகைய நிலத்தில் பராமரிக்கப்பட வேண்டும்.
- ❖ பாரம்பரிய விதைகளை பயன்படுத்துவது நல்லது.
- ❖ மரபணு மாற்றப்பட்ட விதைகள், பூசண மருந்துகளால் விதை நேர்த்தி செய்யப்பட்ட விதைகள் போன்றவை பயன்படுத்தக்கூடாது.
- ❖ நிரந்தர நில வளமைக்கு பயிர் சுழற்சி முறை பின்பற்றப்பட வேண்டும்.
- ❖ ரசாயன உரங்கள், பூச்சிக்கொல்லிகள், களைக்கொல்லிகள், வளர்ச்சி ஊக்கிகள், சாயங்கள் எக்காரணத்தைக் கொண்டும் உபயோகிக்கலாகாது.
- ❖ நஞ்சில்லா விவசாய முறையும் இரசாயன முறையும் ஒரே நிலத்தில் ஒரே நேரத்தில் பின்பற்றக் கூடாது.
- ❖ இயற்கையில் அழிந்து போகும் பொருட்களைக் கொண்டு பார்சல் செய்யப்பட வேண்டும்.
- ❖ பிளாஸ்டிக் பொருட்கள், அலுமினியப் பூச்சுள்ள பொருட்கள் உபயோகிக்கக் கூடாது.

- ❖ நஞ்சில்லா பண்ணை மற்றும் அதில் வளர்க்கப்படும் கால்நடைகள் அனைத்தும் மூன்று ஆண்டுகாலத்தில் முழுமையாக இயற்கைக்கு திரும்பியிருக்க வேண்டும்.
- ❖ நஞ்சில்லா பண்ணையின் தரம் தொடர்ந்து இம்முறையில் பேணப்பட வேண்டும்.

சான்றளிப்பு பெறுவது எப்படி?

- ❖ அங்கக சான்றளிப்பு பெறுவதற்கும் சான்றளிப்பு உரிமம் பெறுவதற்கும் கோவையில் அமைந்துள்ள தமிழக அரசு அங்கக சான்றளிப்புத் துறையையோ மத்திய அரசால் அங்கீகரிக்கப்பட்டுள்ள இதர நிறுவனங்களையோ அணுக வேண்டும்.
- ❖ தனி நபராகவோ, விவசாய குழுக்களாகவோ, கூட்டுறவு அமைப்பாகவோ கட்டணத் தொகையை செலுத்தி பதிவு செய்து கொள்ளலாம்.
- ❖ ஒவ்வொரு வருடமும் வருடாந்திர பயிர் உற்பத்தித் திட்டம், சான்றிதழ் வழங்கும் அமைப்பிடம் சமர்ப்பிக்கப்பட வேண்டும்.
- ❖ ஒவ்வொரு பண்ணை பற்றிய விபரங்களையும், பயன்படுத்திய இடு பொருள் விபரங்களையும் பண்ணைப் பதிவேட்டில் பதிவு செய்து கொள்ள வேண்டும். இந்த விபரங்கள் சான்றளிக்கும் அமைப்பினரால் ஆய்வு செய்யப்படும்.

- குறைந்த பட்சம் ஆண்டுக்கு ஒருமுறையாவது சான்றிதழ் வழங்கும் அமைப்பினர் பதிவு செய்யப்பட்ட பண்ணையை தீவிரமாக ஆய்வு செய்வர்.
- தேசிய நஞ்சில்லா விளைபொருள் தர நிர்ணயத்திற்கேற்ப பண்ணை அமைந்துள்ளதா என்பது முக்கியமாக பரிசீலிக்கப்படும்.
- பண்ணையானது தேசிய தரத்திற்கு ஒத்ததாக இருப்பின் 'ஆர்கானிக் பண்ணை' (Organic Farm) என்றும், விளை பொருட்களுக்கு ஆர்கானிக் சான்றிதழ் பெற்ற பொருள்' (Organic Foods) என்றும் சான்றிதழ் வழங்கப்படும்.

●●●

19. இயற்கையிடம் படிப்போம்

இயற்கையில் நிகழும் சில அடிப்படை நிகழ்வுகளையும் பயிரின் வாழ்க்கை முறையையும் உற்று நோக்கும் பொழுது பல அறிவியல் உண்மைகளை நாம் அறியலாம். அவற்றுள் முதன்மையானவைகளைப் பற்றி நாம் அவசியம் தெரிந்துகொள்ள வேண்டும். இந்நிகழ்வுகளை புரிந்து கொள்வதும், அவற்றை நடைமுறைப்படுத்துவதுமே மண்வளத்தைப் பேணும் அடிப்படை செயல்பாடுகளாகும்.

1. மேல்மண் மூடப்பட்டிருத்தல் (Mulching Process)

மனிதத் தலையீடற்ற வனப்பகுதிகளுக்கு நாம் சென்று பார்க்கும்போது, மேல்மண் காய்ந்து போன இலைச்சருகுகளாலும், பிற பயிர் மற்றும் விலங்குக் கழிவுகளாலும் மூடப்பட்டிருக்கும், இதனால் மண் அரிமானம் நிகழ்வதில்லை. மேல்மண்ணின் ஈரப்பதம் உலர்ந்து போவது கிடையாது. வெயில் நேடியாக மேல் மண் மீது விழாது. மண் சூடேறுவது இல்லை. மண்ணில் நுண்ணுயிர்கள் வாழ்வதற்கேற்ற குளிர்ச்சியான சூழல் அமைகின்றது. நிலத்தின் மீது மூடாக்காக கிடக்கும் பல்வேறு கழிவுகள் பயிருக்கான உணவாகின்றது. மழைநீர் நேரடியாக மண்ணின் மீது விழுவது இல்லை. இதனால் மண் இறுக்கம் தவிர்க்கப்படுகின்றது. இவைகளை மனதில் கொணடு இயன்ற

அளவுக்கு நாம் பயிர் செய்யும் நிலத்தை மூடி வைப்பது இன்றியமையாதது. அதோடு சணப்பு, கொளுஞ்சி, காராமணி போன்ற பசுந்தாள் உரப்பயிர்களைக் கொண்டு நிலத்தைப் போர்த்தி வைப்பது சிறப்பு.

2. வளர்தலும் சிதைதலும் (Growth and Decay)

உயிரினங்கள் வளர்கின்ற பொழுது, தங்கள் வளர்ச்சிக்காக பல்வேறு சர்க்கரை, புரதம், கொழுப்பு பொருட்களையும், உயிர்ச்சத்துக்களையும் தாது உப்புக்களையும் பயன்படுத்துகின்றன. இவைகளெல்லாம் கார்பன், ஹைடிரஜன், நைட்ரஜன், ஆக்ஸிஜன் இரும்பு, சுண்ணாம்பு, பாஸ்பரஸ், மக்னீஷியம் போன்ற பல்வேறு தனிமங்களின் கூட்டுப்பொருட்களால் உருவாக்கப் படுகின்றன. இந்த உயிரினங்கள் மடிகின்ற பொழுது பல்வேறு தனிமங்களின் கூட்டுகளால் ஆன அவைகளின் உடல் நுண்ணுயிரிகளாலும், பூசணங்களாலும், இன்னும் பல்வேறு உயிரினங்களாலும் தாக்கப்பட்டு சிதைக்கப்படுகின்றன. மிகச்சிக்கலான இந்நிகழ்வின் இறுதியில் பல்வேறு தனிமங்களான கூட்டுப்பொருட்களும் சிதைந்து தனித்தனி தனிமங்களாகவும், புதிய வகை கூட்டுப் பொருட்களாகவும் உருமாற்றப்பட்டு மண்ணைச் சேர்கின்றன. இதையே நாம் மட்குதல் அல்லது சிதைதல் என்று சொல்லுகின்றோம். பயிரினங்களின் வாழ்க்கைச் சுழற்சியும் இதன்படியே அமைந்துள்ளது.

3. திருப்பி அளித்தல் (Law of Return)

பயிர்கள் மண்ணிலே உள்ள பல்வேறு தாது உப்புக்களையும், பேரூட்டச்சத்துக்கள் மற்றும் நுண்ணுட்டச்சத்துக்களையும், நீரையும் எடுத்துக்கொண்டு, சூரிய ஒளியையும், கரியமில வாயுவையும் பயன்படுத்தி தமக்குத் தேவையான பல்வேறு உணவுப்பொருட்களை உருவாக்கிக் கொள்கின்றன. இவைகளைத் தாவரங்கள் தங்கள் வளர்ச்சிக்கு பயன்படுத்திக் கொள்கின்றன. இவ்வாறு தாவரங்கள் தொடர்ந்து பயன்படுத்தும் போது மண்ணில் உள்ள சத்துக்களின் அளவு குறைந்து கொண்டே போகின்றது.

அதேவேளை பயிரின் இலைகள் பழுத்து கீழே விழுகின்றன. அந்தப் பயிரே கூட விலங்குகளுக்கும், பறவைகளுக்கும் உணவாகின்றன. பயிரைத் தின்ற விலங்குகள் மற்றும் பறவைகளின் கழிவுகள் மண்ணில் சேர்க்கின்றன. இது மட்டுமின்றி இவ்விலங்குகளும், பறவைகளும், மண்வாழ் நுண்ணுயிரிகளும், புழுக்களும், பூச்சியினங்களுமாய் மடிந்து மண்ணை அடைகின்றன. இவை உயிருள்ள மண்வாழ் உயிரினங்களால் சிதைக்கப்பட்டு பயிர்களுக்குத் தேவையான ஊட்டங்களாக உருமாற்றப்பட்டு மீண்டும் மண்ணைச் சென்றடைகிறது. இதனால் மண் மீண்டும் வளமுள்ளதாக மாறுகின்றது.

இதனால் இச்சத்துக்கள் மண்ணிலிருந்து மீண்டும் பயிர்களால் எடுத்துக் கொள்ளப்படுகின்றன. இப்படி பல்வேறு தனிமங்களின் சுழற்சி தொடர்ந்து நடைபெறுகின்றது. இச்சுழற்சி மண்ணின் வளத்தை நிலைநிறுத்தி, பயிரின் வளர்ச்சியை ஊக்குவிக்கின்றது.

4. நைட்ரகன் சுழற்சி (Nitrogen cycle)

காற்றின் பெரும் பகுதியாக, ஐந்தில் நான்கு பங்காக நைட்ரஜன் உள்ளது, ஆனாலும் உயர்நிலை பயிரினங்களால் இந்த நைட்ரஜனை அப்படியே எடுத்துக் கொள்ள முடியாது, ஆனால் நைட்ரஜனை கூட்டுப்பொருட்களாக மாற்றும் சில கீழ்நிலை உயிரினங்கள் உள்ளன. ரைசோபியம், அசட்டோ பேக்டர், அசோஸ்பைரில்லம், கிளாஸ்டிரிடியம் வகை நுண்ணுயிர்களும் நீலபச்சைப்பாசிகளும், அசோலா பெரணிகளும் வெவ்வேறு முறைகளில் நைட்ரஜனை மண்ணில் நிலைநிறுத்துகின்றன. அதேபோல் மழை பெய்யும் பொழுது உருவாகும் மின்னலில் உள்ள உயர் மின்சக்தி நைட்ரஜன் கூட்டுப்பொருளை உருவாக்குகின்றது. அது மழை நீரில் கரைந்து நிலத்தை சென்றடைகின்றது.

பயிரினங்கள் உருவாக்கும் பல்வேறு பொருட்களும் மனிதன் உட்பட பல்வேறு விலங்கினங்களுக்கும் உணவாகின்றன. இவ்வுயிரினங்களின் கழிவுகளும், இவைகளின் இறந்த உடல்களும் மண்ணை அடைத்து மக்குகின்றன. இதன் மூலம் நைட்ரஜன் கூட்டுப்பொருட்கள் உருவாகின்றன. இப்படி உருவாகும் நைட்ரஜன்

கூட்டுப்பொருட்களை பயிர் எடுத்துக் கொண்டு வளர்கின்றது. இப்படி வளரும் பயிர் நேரடியாகவோ, மறைமுகமாகவோ மீண்டும் மண்ணைச் சேருகின்றது. இதைப்போன்றே கார்பன், ஹைட்ரஜன், ஆக்ஸிஜன் ஆகியவற்றின் சுழற்சிகளும் அமைந்துள்ளன.

5. சவ்வூடு பரவல் (Osmosis)

செறிவு மிகுந்த ஒரு திரவம், செறிவு குறைந்த இடத்தை நோக்கி இடையில் ஒரு சவ்வு போன்ற பகுதி இருந்தால் பரவும், எடுத்துக்காட்டாக நீர் நிறைந்த ஒரு கண்ணாடி பாத்திரத்தை எடுத்துக்கொள்வோம். அதனுள் ஒருபுறம் ஒரு சவ்வினால் கட்டப்பெற்றுள்ள ஒரு கண்ணாடி குழாயை வைத்து, அக்குழாயினுள் சிறிது சாக்கரை கரைசலை ஊற்றுவோம். சற்று நேரம் கழித்துப் பார்த்தால் கண்ணாடிக் குழாயினுள் நீர்சென்று சர்க்கரைக் கரைசலின் அளவு உயர்ந்திருக்கும். இது எப்படி நிகழ்ந்தது? சர்க்கரை கரைச்சலின் அடர்த்தி அதிகமாகவும், நீரின் அடர்த்தி குறைவாகவும் உள்ளது. எனவே அடர்த்தி குறைந்த நீர், அடர்த்தி அதிகமாக உள்ள சர்க்கரை கரைசலுக்கு சவ்வின் வழியாக பரவி இருக்கிறது.

பயிர்கள் நிலத்தில் உள்ள ஊட்டங்களை கரைத்து எடுத்துக் கொள்வது இந்த இயற்கை விதியின் அடிப்படையில் தான். பயிர்களில் இந்த நிகழ்வு செல் சவ்வின் வழியாக நிகழ்கின்றது. இந்த நிகழ்விற்கு 'சவ்வூடு பரவல்'

எனப்பெயர். நவீன வேளாண்மை முறையில் நிலத்திற்கு நாம் இரசாயன உரங்களை இடுகின்றோம். நிலத்தில் உள்ள நீரின் அடர்தி குறைவாகவும், இரசாயன உரக்கரைசலின் அடர்த்தி அதிகமாகவும் இருக்கும். அதே நேரம் பயிரின் வேர்ப்பகுதியில் உள்ள செல்களில் இருக்கும் நீரின் அடர்த்தி குறைவாகவும் இரசாயன உரக்கரைசலின் அடர்த்தி அதிகமாகவும் மாறிவிடுவதால் வேரில் உள்ள நீரை பயிர் இழந்து விடுகின்றது. பயிரின் வளர்ச்சி பாதிக்கப்படுகிறது. சில நேரங்களில் பயிர் வாடி காய்ந்து போகிறது.

பயிர்கள் மட்டுமல்ல, நுண்ணுயிர்களும், மற்றைய மண்வாழ் உயிரிகளும் இதே நிகழ்வினால் பாதிக்கப்பட்டு மடிந்து போகின்றன. மண்வளம் படிப்படியாக குறைந்து போகின்றது. எனவே இரசாயன உரங்களைத் தவிர்த்து நஞ்சில்லா முறையில் இயற்கை உரங்களைக் கொண்டு பயிர்களை வளர்த்து பயன்பெற வேண்டும்.

●●●

20. இயற்கையோடு இணைவோம்

மனிதன் மற்ற உயிரினங்களில் இருந்து மேம்பட்டவன் அல்ல. அவன் இயற்கையின் ஓர் அங்கம், அவனால் இயற்கையை கட்டுப்படுத்தவோ அல்லது மாற்றி அமைக்கவோ முடியாது. ஆனால் இயற்கையோடு இணைந்து கண்டிப்பாக அமைதியாக வாழமுடியும்.

மண், தாவரங்கள், விலங்கினம் மற்றும் மனிதனின் உடல்நலமும். ஒன்றே. இதை தனியாக பிரித்துப் பார்க்க இயலாது. இயற்கை வேளாண்மையின் முக்கிய நெறிகள் என்னவென்றால் நாம் காடுகளிலுள்ள மரங்களையும், தாவரங்களையும், நுண்ணுயிரிகளையும் கூர்ந்து நோக்க வேண்டும். தாவரங்கள் விலங்குகளுடன் தொடர்புடையவை என்பதே இயற்கையின் நியதி, இயற்கையில் பல்வேறு தாவரங்கள் மற்றும் விலங்கினங்கள் ஒன்றாக இணைந்து வாழ்கின்றன.

காடுகளில் பெரிய பாலூட்டிகளான யானைகள் முதல் மிகச்சிறிய உயிரினங்காளான எறும்புகள் வரை அனைத்தும் ஒன்றாகவே வாழ்கின்றன. அதுபோலத்தான் தாவரங்களின் ராஜியத்திலும் மிகப்பெரிய ஆலமரம் முதல் சிறிய தோற்றமுடைய அருகம்புல் வரையிலும் ஒன்றாகச் சேர்ந்தே வளருகின்றன. ஒருபோதும் ஓரினப்பயிர் சாகுபடி செய்யக் கூடாது. கலப்பு பயிர் சாகுபடியும், கலப்பு பண்ணை அமைப்பும் தான் சிறந்த சுற்றுச்சூழல் நெறிமுறையாகும்.

மண்ணை எப்போதும் நேரடி சூரியஒளி, மழை மற்றும் காற்றிலிருந்து காக்க வேண்டும்.

காட்டுப் பகுதியில் உயர்ந்த மரங்களும் அதனடியில் உள்ள இதர தாவரங்களும் சூரிய ஒளியின் முழு சக்தியையும் உணர்கின்றன. அங்கே மழைப்பொழிவு கவனமாக கையாளப்படுகிறது, பெருமளவு ஈரப்பதம் மண்ணின் மேலிழைகளால் தக்கவைத்துக் கொள்ளப்படுகின்றன. காடுகளில் உள்ள மண்ணானது சூரிய ஒளியையும், மழை நீரையும் முறையே தக்க வைப்பதைப் போலத்தான் நமது இயற்கை வேளாண்மை பண்ணைகள் அமைய வேண்டும்.

மக்களுக்குத் தேவையான உணவை மக்களே பயிரிட்டு வளர்க்க வேண்டும், நீடித்த நிலைத்த வேளாண்மை அமைப்புகளை உருவாக்கி மக்களின் உணவை அவர்களே உற்பத்தி செய்து சாப்பிடவும், அதிலுள்ள கழிவுகளை அவர்களே மறுசுழற்சி செய்து உரமாகச் செய்யவும் இயற்கை வேளாண்மையில் இடமிருக்கிறது. அதாவது வானம், மழை, காற்று, மண், நுண்ணியிரிகள், தாவரங்கள், பறவையினங்கள் மற்றும் கால்கடைகள் ஆகியவற்றை இணைத்து பண்ணைகளில் வேளாண்மை செய்யவேண்டும். இயற்கை வேளாண்மையின் நுணுக்கமான அறிவியல், அதன் இயற்கை யோடு இணைந்து செயாற்றக் கூடிய தன்மை ஆகியவற்றை உணர்ந்து இயற்கை முறையில் பயிர் வளர்க்கும் கோட்பாடுகள் உருவாக்கப்பட்டுள்ளன.

பூமியில் செடிகளும், கொடிகளும், விலங்குகளும், ஒன்றையொன்று சார்ந்து சுமூகமாக வாழ்கின்றன. அவை காற்று, தண்ணீர், மண், ஆகாயவெளி, சூரியஒளி ஆகிய இயற்கை ஆதாரங்களை தங்களுக்குள் உணவுச் சங்கிலியால் பகிர்ந்து கொள்கின்றன. மண்ணில் கழிவு என்று எதுவும் இல்லை. உணவுச் சங்கிலியால் பகிர்ந்து கொள்கின்றன. உணவுச் சங்கிலியில் பல கண்ணிகள் உள்ளன. பல கண்ணிகளால் இணைக்கப்பட்ட சங்கிலிகள் போல உணவுச் சங்கிலி இணைக்கப்பட்டுள்ளது. மேல்மட்டத்தின் கழிவு, கீழ்மட்டத்தின் உணவு. மனிதன் கழித்ததை கால்கடைகள் உண்ணுகின்றன. கால்நடைக் கழிவுகள் புழுக்களுக்கும் நுண்ணுயிர்களுக்கும் உணவாகிறது. நுண்ணுயிர் செயல்பாடு செடிவளர்ச்சிக்குத் தேவைப்படுகிறது. உணவுச் சங்கிலியை புரிந்து கொண்டால் நஞ்சில்லா வேளாண்மையின் ஆற்றலை அறிந்து கொள்ள முடியும்.

உணவு உற்பத்தி இயற்கையின் சுழற்சியைச் சார்ந்து உள்ளது. ஆரோக்கியமான மண் என்பது உயிரற்ற திடப்பொருள் அல்ல, அது உயிரோட்டமுள்ள ஓர் அமைப்பு. செடிகள், கொடிகள் மரங்கள் ஆகியவைதான் அடிப்படையில் உற்பத்தியாளர்கள், அவை சூரிய சக்தியை உணவாக மாற்றுகின்றன. நிலைத்த நீடித்த பயிர்த்தொழில் என்பது இயற்கையைக் சார்ந்ததாக மட்டுமே இருக்க முடியும், செயற்கையான வேதியல் உரங்கள் மற்றும் எந்திரங்களின் பயன்பாடுகள் மண் அரிமானத்திற்கு வழிகோலுகின்றன. ஒரு

நிலம் வளமானதா?. இல்லையா? என்பதைக் காட்டித்தரும் உயிரினம் மண்புழு. அது மண்ணில் காற்றோட்டத்தினை உண்டு பண்ணுகிறது, தனிமங்களை பயிர்ச் செடிகள் ஏற்கும் வண்ணம் மாற்ற உதவுகிறது. மண் புழுக்கள் வாழத்தகுதி இல்லாத மண் வளமற்றது.

பூச்சிகள் நமக்கு எதிரிகள் அல்ல, மகரந்த சேர்க்கைக்கு அவை இன்றியமையாதவை. அவற்றில் ஒன்று மற்றொன்றுக்கு உணவாகின்றது. இதுதான் பயிர் வளரத் தேவையான அடிப்படை சூழியல் கோட்பாடு இந்த அடிப்படை சூழியல் கோட்பாட்டை மறுத்துவிட்டு நாம் நீடித்த நிலைத்த வளர்ச்சியை உருவாக்க முடியாது. உலகிலுள்ள உயிரினங்களை அழித்துவிட்டு மனிதன் மட்டும் வாழ இயலாது. செயற்கையான இரசாயன வேளாண்மை மூலம் மனிதன் உலகை கொஞ்சம் கொஞ்சமாக அழித்து வருகிறான், இவ்வாறு செய்துவிட்டு. தான் மட்டும் சாப்பிட்டு வாழ முயற்சி செய்தால் அது தோற்றுப் போகும் என்பது மட்டும் உறுதி.

இயற்கையோடு இணைந்து வாழ்வது என்பது உலகிலுள்ள அனைத்து உயிர்களுக்கும் நீர், நிலம், காற்று மற்றும் வானத்துக்கு தீங்கிழைக்காமல் வாழ்வதாகும். உயிருள்ள நுண்ணுயிர்கள் மற்றும் மண்புழுக்கள் உள்ள மண்வளத்தைக்கொண்டு மட்டுமே நீடித்த நிலையான வேளாண்மையை நம்மால் உருவாக்க முடியும். இதற்கு அடிப்படைத் தேவை மக்கு உரம், விலங்கினங்களின்

கழிவுகள், பசுந்தாள் உரங்கள் மற்றும் நைட்ரஜன் சுழற்சி ஆகியவை, அப்போதுதான் நாம் இயற்கையோடு இணைந்து நஞ்சில்லா வேளாண்மை செய்ய முடியும். எவ்வாறெனில் இயற்கை எருக்களை நிலத்திற்கு இடும்போது ஆண்டுக்கு ஆண்டு பயிர்களின் விளைச்சல் உயருகிறது. பயிர்கள் ஆரோக்கியமாக காணப்படுகிறது.

நாமும் வாழ வேண்டும். பிறரும் வழவேண்டும் என்பது தான் இயற்கையின் தத்துவம், பலபயிர்கள் ஒன்றோடு ஒன்று இணைந்து வளரும் பொழுது மண்ணின் ஈரப்பதமும் உயிரோட்டமும் பாதுகாக்கப்படும். மேலும் கால் நடைகள் இல்லாத இயற்கை பயிர்முறை வெற்றிபெறுவதில்லை. நிலத்தில் அரை அடி அளவுக்குள் இருக்கும் மேல் மண்ணே பயிர் வளர்ப்பில் முக்கியம். அந்த மேல் மண்ணில் கோடி கோடியாக நுண்ணியிர்கள் உள்ளன. அவை தாவரங்கள் மற்றும் விலங்குகளின் கழிவுகளைச் சிதைக்கின்றன. இவ்விதம் பயிர் வளர்ச்சிக்குத் தேவையான தனிமங்களை நுண்ணுயிர்கள் செடிகளுக்கு ஊட்டிவிடுகின்றன. இந்த நுண்ணுயிர்களை இரசாயனம் அழித்துவிடும் என்பதால் தான் இரசாயன விவசாயத்தைக் கட்டாயம் தவிர்க்க வேண்டும்.

இயற்கை வழி வேளாண்மை என்பது உலகில் பாரம்பரியமான ஒன்றாகும், இரசாயன உரங்கள் மற்றும் பூச்சிக் கொல்லிகள் மூலம் உருவான செயற்கை வேளாண்மையானது நீரையும் நிலத்தையும் மனித உடல்

நலத்தையும், பிற உயிரினங்ளையும் அழித்து வருகிறது. செயற்கை விவசாயத்தில் நாளுக்கு நாள் மண்வளம் குறைந்து கொண்டே போகிறது. அதேசமயம் வேலையும் பணச்செலவும் கூடிக்கொண்டே போகிறது. இந்த பூவுலகின் இயற்கை வளம் குறித்து தெரிந்து கொள்ள மனிதனின் கால்படாத காட்டுப் பகுதிக்குள் சென்று பார்த்தால் போதும். அங்குள்ள மரக்கூட்டங்கள் வேதியல் உரங்கள் மற்றும் பூச்சிக்கொல்லிகள் இல்லாமலே செழித்து வளர்ந்திரும்பதைக் காணலாம்.

மண் என்பது செடி நிற்பதற்கான ஆதாரம் மட்டும் அல்ல, தாதுக்களும் தாவர மக்குகளும் இணைந்த மண் கோடிக்கணக்கான நுண்ணுயிர்களுக்கான வாழ்விடம், மண்ணின் அடியில் வாழும் உயிர்களில் தாவரங்களும், விலங்கினங்களும் உண்டு. இத்தகைய இயற்கையை அறிவதே அறிவு. மருத்துவர்கள் நோயாளிகளை கவனித்துக் கொள்கிறார்கள், இயற்கை ஆரோக்கியமானவர்களைக் கவனித்துக் கொள்கிறது. இயற்கைச் சூழலில் நோய்நொடி இல்லாமல் வாழ்வதே சிறந்த வாழ்க்கை. எனவே இயற்கையோடு இணைந்து நஞ்சில்லா முறையில் பயிர் சாகுபடி செய்வோம், இப்படி விளைவிக்கப்படும் உணவுகளால் ஆரோக்கியமான உடலும் அமையும், ஆனந்தமும் குடிகொள்ளும்.

www.ingramcontent.com/pod-product-compliance
Lightning Source LLC
LaVergne TN
LVHW100322210926
848480LV00003B/1227
* 9 7 9 8 9 0 6 0 6 0 4 4 0 *